Walter Diem

Sterne, Sterne, Weihnachtssterne

aus Papier, Folie und Stroh
Schritt-für-Schritt-Anleitungen
Vorlagen

Augustus Verlag Augsburg

Einführung

In der Weihnachtsgeschichte spielt der Stern über Bethlehem eine ganz besondere Rolle, und dieser leuchtende Wegweiser ist sicher das Vorbild für all die Sterne, die ein bevorzugtes Motiv für Weihnachtsdekorationen sind. Ob wir sie nun aus Stroh oder Papier, aus Folie oder Karton basteln: Ihre Strahlen symbolisieren Licht und Helligkeit – und das ist in der dunklen Winterzeit besonders willkommen.

Wir hängen Sterne an den Weihnachtsbaum, wir kleben sie an Fensterscheiben, sie sind uns als Applikation auf einer Grußkarte vertraut, und wir schätzen sie als dreidimensionalen Raumschmuck. Weihnachtssterne zeigen sich in vielfältigen Formen. Sie sind mal besonders auffällige Solitäre, mal klein und unscheinbar, aber in der Fülle dann doch das beherrschende Element am Weihnachtsbaum.

Sterne zu basteln hat gegenüber anderen vorweihnachtlichen Basteleien sicher einen besonderen Stellenwert. Und es kommt nicht von ungefähr, daß gerade für dieses weihnachtliche Symbol immer wieder neue Formen erdacht und vertraute Formen weiterentwickelt werden. Wer in der Adventszeit Weihnachtsschmuck bastelt, wird vielleicht ganz unverhofft unter seinen Händen einen neuen Stern entstehen sehen – so wie die Astronomen im All neue (in Wirklichkeit uralte) Sterne entdecken.

Aber auch wer nur vertraute und bekannte Sternformen nachbastelt, wird dabei nicht weniger Vergnügen empfinden, sondern dafür sorgen, daß dies in besonderer Atmosphäre geschieht. Denn wenn dabei festliche Musik erklingt, ein Duft das Zimmer erfüllt, wie er sich eben nur mit der vorweihnachtlichen Zeit verbindet, irgendwo eine Kerze flackert (auch wenn der Basteltisch helleres Licht braucht), dann ist diese Beschäftigung kaum mit einer anderen zu vergleichen.

Einen Beitrag dazu, Neues zu entdecken, aber auch an Vergessenes oder Altbewährtes zu erinnern, will dieses Buch mit seinen Vorschlägen und Anleitungen leisten. Viele der Sterne können auch von Kindern gebastelt werden. Man sollte es ihnen nicht verwehren, wenn sie sich an der Sternenbastelei beteiligen wollen und dafür PC-Spiel oder Fernseher abschalten. Auch wenn die Ergebnisse nicht ganz perfekt ausfallen, sie sind es wert, die Wohnung zu schmücken und zu festlicher, behaglicher Atmosphäre beizutragen. Wohlan denn – viel Vergnügen und langanhaltende Begeisterung!

Inhalt

Materialien und Werkzeuge

In diesem Buch werden Sterne aus Papier, Tonkarton, Glanzfolie und Stroh gebastelt. Das sind Materialien, die nicht nur in der vorweihnachtlichen Zeit in allen Papier- und Schreibwarengeschäften erhältlich sind, so daß man daraus auch zu anderen Jahreszeiten den einen oder anderen Stern basteln kann; Strohhalme allerdings wird es nur in Bastelläden das ganze Jahr über geben.
Unter Papier ist hier sowohl weißes als auch farbiges Schreibpapier zu verstehen. Da, wo die Konstruktion etwas steiferes Material verlangt, wird statt des dünnen Papiers ein (nicht zu dicker) Farbkarton verwendet. Zusätzlich werden für manche Arbeiten noch Transparentpapier (sog. Drachenpapier), Seidenpapier, Zeichen- oder Tonpapier und Bastel- oder Fotokarton benötigt. Papiere und Karton gibt es in vielen Farben. Für die meisten Sterne wird man ein kräftiges Gelb, Orange oder Rot wählen, denn diese Farben harmonieren besonders gut mit dem satten Grün des Weihnachtsbaumes und dem warmen Kerzenlicht. Glanzfolie gibt es in 50 cm breiten und 80 cm langen, gerollten Bogen. Man bekommt sie einfarbig in verschiedenen Farben sowie in Gold und Silber; es gibt aber auch zweifarbige Folien. Die Folie ist ziemlich weich und kann nur durch Faltungen versteift werden; sie ist deshalb nicht für alle Sterne geeignet, man muß es ausprobieren.
Alle Materialien für die Anfertigung von Weihnachtssternen sind relativ preiswert und auch mit einfachen Werkzeugen recht gut zu bearbeiten.
Das Foto zeigt die Gerätschaften, die für die Anfertigung der Sterne benötigt werden.

Lineal und Bleistift

Damit werden die meisten Arbeiten begonnen, weil Umriß und Form des Schnittmusters aufzuzeichnen sind. Der Bleistift sollte superspitz sein, um hauchdünne Linien ziehen zu können.

Radiergummi

Er beseitigt die Striche (wenn sie nicht z.B. in den Falten verschwinden).

Zirkel

Er wird bei manchen Sternen benötigt. Die Größe der Kreise hängt von der Größe des Zirkels ab. Ist das Gelenk zwischen den Schenkeln zu locker, sollte die Stellschraube etwas angezogen werden. Selbstverständlich sollte auch die Bleistiftmine im Zirkel eine feine Spitze haben.

Schere und Bastelmesser

Ob man mit der Schere oder mit dem Bastelmesser ein Schnittmuster ausschneidet, ist nicht ganz gleichgültig. Die Schere wird einem vertrauter sein, aber mit dem Bastelmesser können gerade Schnitte sehr viel präziser und meistens auch schneller gemacht werden. Wer viele Sterne fertigen will, wird das zu schätzen wissen.
Das Messer sollte an einem Lineal entlanggeführt werden und eine scharfe Klinge haben; deshalb sind Messer mit Abbrechklinge sehr praktisch.

Schnittfeste Unterlage

Eine schnittfeste Unterlage wie dicker Karton, dicke Graupappe, eine Glasscheibe oder eine spezielle Schneidmatte ist ebenfalls erforderlich.
Auch wenn zum Ausschneiden vorwiegend das Bastelmesser benutzt wird, kann eine Schere nützlich sein. Mit dem Rücken der spitzen Klinge, an einem Lineal entlanggeführt, lassen sich Linien im Werkstoff, die nachher gefaltet werden sollen, vorfalzen. Je nach Material ist dabei mehr oder weniger Druck auszuüben; Papier oder Karton dürfen nicht verletzt werden.

Klebestift oder Alleskleber

Sie werden zum Verkleben der einzelnen Teile verwendet. Klebestifte enthalten kein Lösemittel. Wird Alleskleber benutzt, sollte man einem lösemittelfreien Produkt den Vorzug geben. Allerdings dauert es etwas länger, bis eine Klebeverbindung hält (dafür kann man die Klebeflächen noch verschieben, bis sie richtig plaziert sind). Mit Weißleim, der sonst für Holzverbindungen eingesetzt wird, kann man auch Karton und Stroh kleben. Allerdings sollte er äußerst sparsam aufgetragen werden, da er als Lösemittel Wasser enthält und Karton deshalb zum Aufquellen bringen kann. Überhaupt sind bei allen Verklebungen nur hauchdünne Aufstriche des Klebemittels nötig – bei Alleskleber auf beiden Flächen. Die Verbindungen sind ja nur geringen Belastungen ausgesetzt.

Faden

Bei Sternen, die aufgehängt werden sollen, ist ein dünner Faden anzubringen (Nähfaden genügt). Grüner Faden fällt am Weihnachtsbaum am wenigsten auf, aber man kann auch roten oder schwarzen nehmen.

Nadel und Stechahle

Mit einer Nadel oder Stechahle werden Spitzen und Innenecken der Sterne von der Schablone auf das eigentliche Sternmaterial übertragen.

Becherleuchte mit Sternmuster

Material
- ★ Karton für die Schablone
- ★ weißes oder farbiges Transparentpapier (sog. Drachenpapier)
- ★ Klebstoff

Werkzeug
- ★ Nadel oder Stechahle
- ★ Lineal
- ★ Bastelmesser
- ★ schnittfeste Unterlage
- ★ (Fotokopierer)

Ein Lichtschirm besonderer Art ist das hier abgebildete Beispiel. Es wird aus insgesamt zehn Fünfecken zusammengesetzt, die sich beim Zusammenkleben z.T. so überlappen, daß sich neben den dunkleren Überlappungsflächen ganz deutlich hellere fünfzackige Sterne abzeichnen.
Ein Fünfeck ist also die Ausgangsform für die Bauteile dieses Lichtschirms. Für den, der Bescheid weiß, ist ein Fünfeck ziemlich leicht zu konstruieren. Da der Leser hier aber nicht erst einen Geometriekurs absolvieren soll, schlage ich vor, die Vorlage mit einem Fotokopierer 1 : 1 zu übertragen, mit Hilfe dieser neuen Vorlage dann eine Kartonschablone anzufertigen, und sich so die Herstellung auch einer größeren Anzahl von Zuschnitten zu erleichtern.

So wird die Becherleuchte gefertigt

① Die Vorlage mit einem Fotokopierer im Maßstab 1 : 1 kopieren (das ergibt dann eine Becherleuchte mit einem Durchmesser von etwa 15 cm und einer Höhe von 12 cm).
② Die Kopie auf einen Karton legen, die Eckpunkte des Fünfecks und die fünf Punkte innerhalb der Fläche durchstechen.
③ Das Fünfeck aus dem Karton mit dem Bastelmesser, das an einem Lineal entlanggeführt wird, auf einer schnittfesten Unterlage präzise ausschneiden. Die fünf Punkte deutlicher nachstechen.
④ Mit Hilfe dieser Schablone für eine Becherleuchte zehn Fünfecke aus dem vorgesehenen Material ausschneiden. Dabei auch die fünf Punkte durch feine Stiche im Transparentpapier markieren.
⑤ Bei allen zehn Zuschnitten jede Ecke auf den nächstgelegenen Punkt legen, die entstehende Falte scharf nachziehen. Die Falten dann wieder öffnen.
⑥ Bei allen Fünfecken jeweils eine Dreiecksfläche auf der Innenseite der Falte dünn mit Klebstoff bestreichen, wieder umklappen und festkleben.
⑦ Bei einem Fünfeck die beiden Dreiecksflächen neben dem umgeklebten Dreieck auf derselben Seite dünn mit Klebstoff bestreichen.
⑧ Bei einem zweiten Fünfeck eine dieser beiden Dreiecksflächen auf der Außenseite (das festgeklebte Dreieck ist auf der Innenseite!) dünn mit Klebstoff bestreichen.
⑨ Beide Fünfecke so zusammenkleben, daß sich die Dreiecksflächen überlappen.
⑩ In gleicher Weise drei weitere Fünfecke ankleben und zu einem Ring schließen.
⑪ Aus weiteren fünf Fünfecken einen zweiten Ring fertigen.
⑫ Diesen zweiten Ring so mit dem ersten verbinden, daß ein Becher ohne Boden und Deckel entsteht, an dem oberer und unterer Rand durch die umgeklebten Dreiecke verstärkt sind.

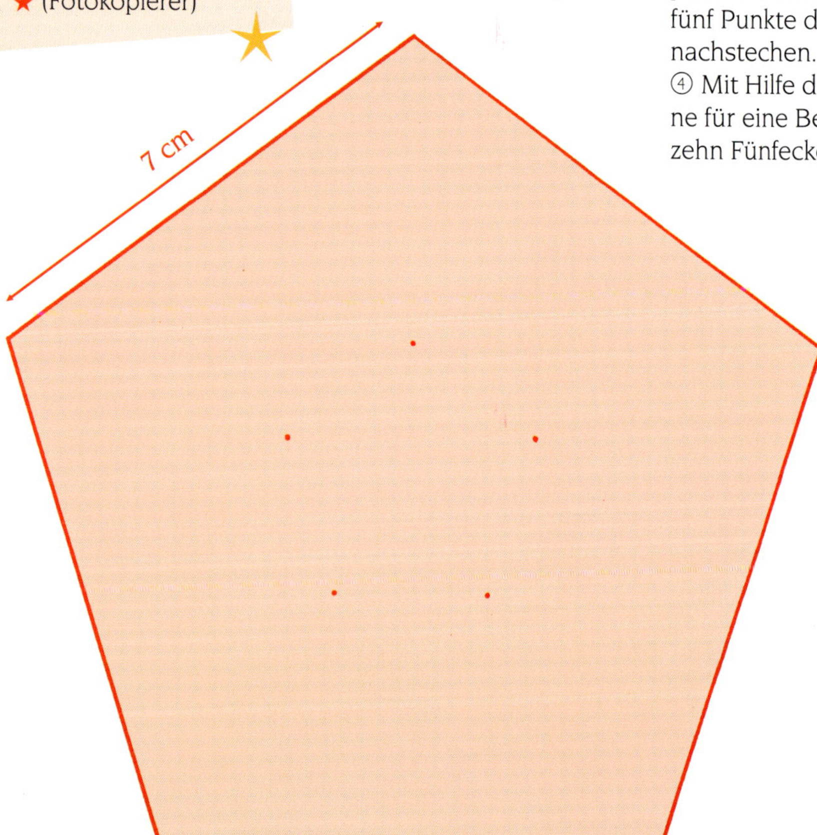

Lichtschirme mit Sternmuster

Material
- ★ Weißes Papier
- ★ farbiges Seiden- oder Transparentpapier

Werkzeug
- ★ Nadel
- ★ Bastelmesser
- ★ Lineal
- ★ schnittfeste Unterlage
- ★ (Fotokopierer)

Kerzenlicht ist die bevorzugte Beleuchtung in der Weihnachtszeit. Da offene Kerzen blenden können, umgibt man sie gerne mit einem Schirm, der den Lichtschein dämpft – und zusätzlich ein schönes Muster zeichnet.
Für solche Lichteffekte eignen sich Teelichte besonders gut, weil sie immer in gleicher Höhe brennen, der Lichtschirm also nicht besonders groß sein muß und außerdem auf die gleiche Fläche wie das Teelicht gestellt werden kann.

Für die hier gezeigten Lichtschirme sind in Papier, das zu einem Zylinder zusammengeklebt wird, Durchbrüche geschnitten und mit farbigem Seiden- oder Transparentpapier hinterlegt worden. Und welche Muster bieten sich für diese Durchbrüche am besten an? Natürlich Sterne.

So werden die Lichtschirme befestigt

① Die Vorlagen mit dem Fotokopierer auf ein Papier übertragen, das als Schablone dienen soll.
② Die Kopie auf das weiße Papier für den Lichtschirm legen und mit einer Nadel Spitzen und Innenecken der Sterne durchstechen.
③ Auf einer schnittfesten Unterlage die Sterne mit einem Bastelmesser, das an einem Lineal entlanggeführt wird, ausschneiden.
④ Das Papier ganzflächig mit farbigem Seiden- oder Transparentpapier hinterkleben und zum Zylinder zusammenkleben. Die Naht bleibt – beleuchtet oder unbeleuchtet – auf jeden Fall sichtbar.

Die Vorlage für das Sternmuster kann auch nur teilweise übernommen werden: Schon zwei Reihen Sterne zeichnen im durchscheinenden Licht ein schönes Muster.

⑤ Das Muster mit den vielen kleinen Sternen muß natürlich nicht in vollem Umfang übernommen werden. Zwei oder drei Reihen Sterne reichen auch. Die Lichtschirme können an der Unterkante noch mit zwei kreuzweise eingeklebten "Spangen" versehen werden, auf denen das Teelicht steht – und so verhindert, daß der Lichtschirm umkippen und Feuer fangen kann (ohnehin wird man offenes Licht nie unbeaufsichtigt brennen lassen).

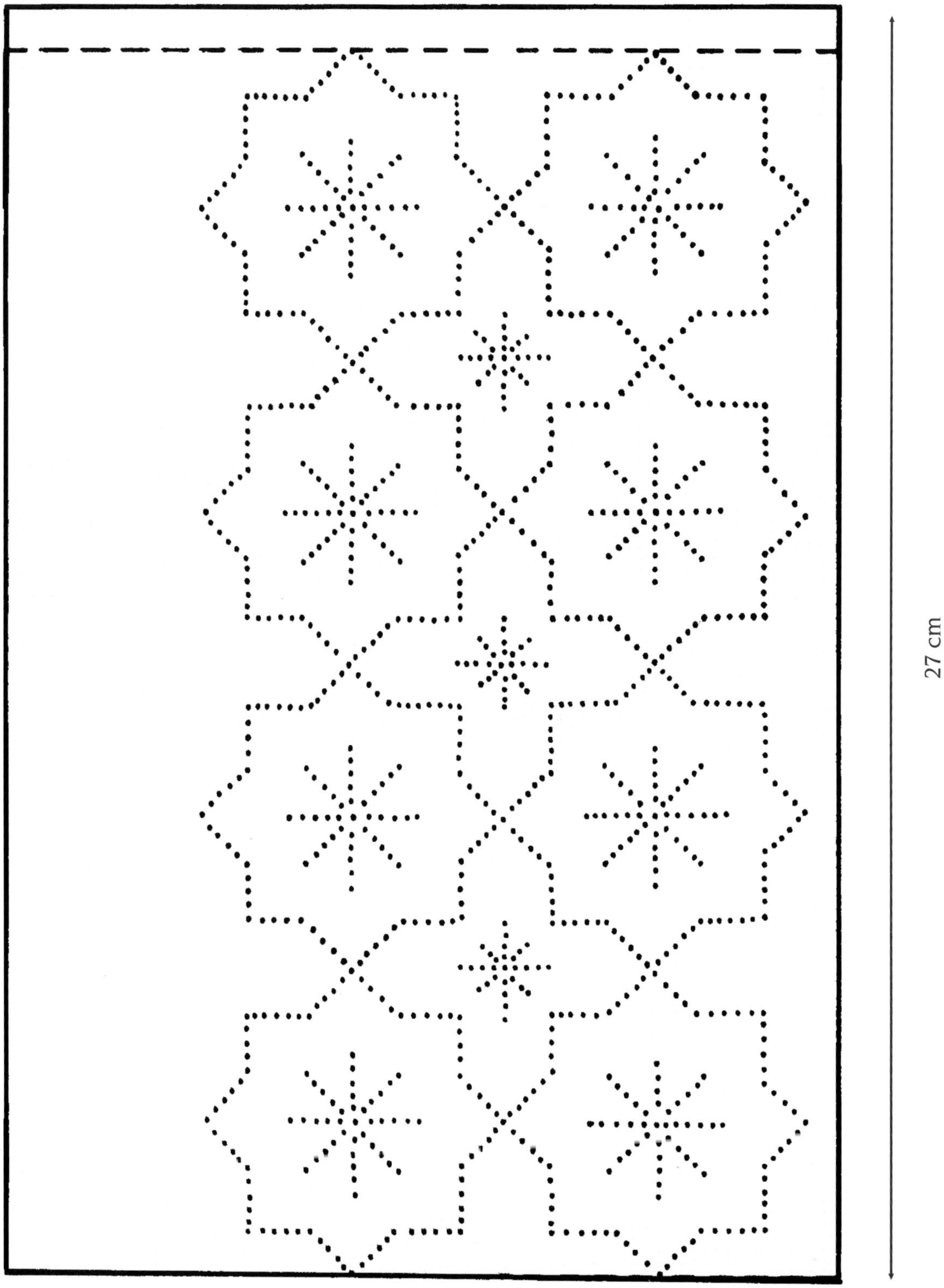
27 cm

Das Sternmuster auf der linken Seite wird mit einer Stechahle oder dicken Nadel auf das Papier übertragen, aus dem der Lichtschirm gefertigt wird. Bei der Anfertigung des auf dieser Seite abgebildeten Musters ist es wichtig, daß zwischen den einzelnen Durchbrüchen Stege im Papier stehen bleiben.

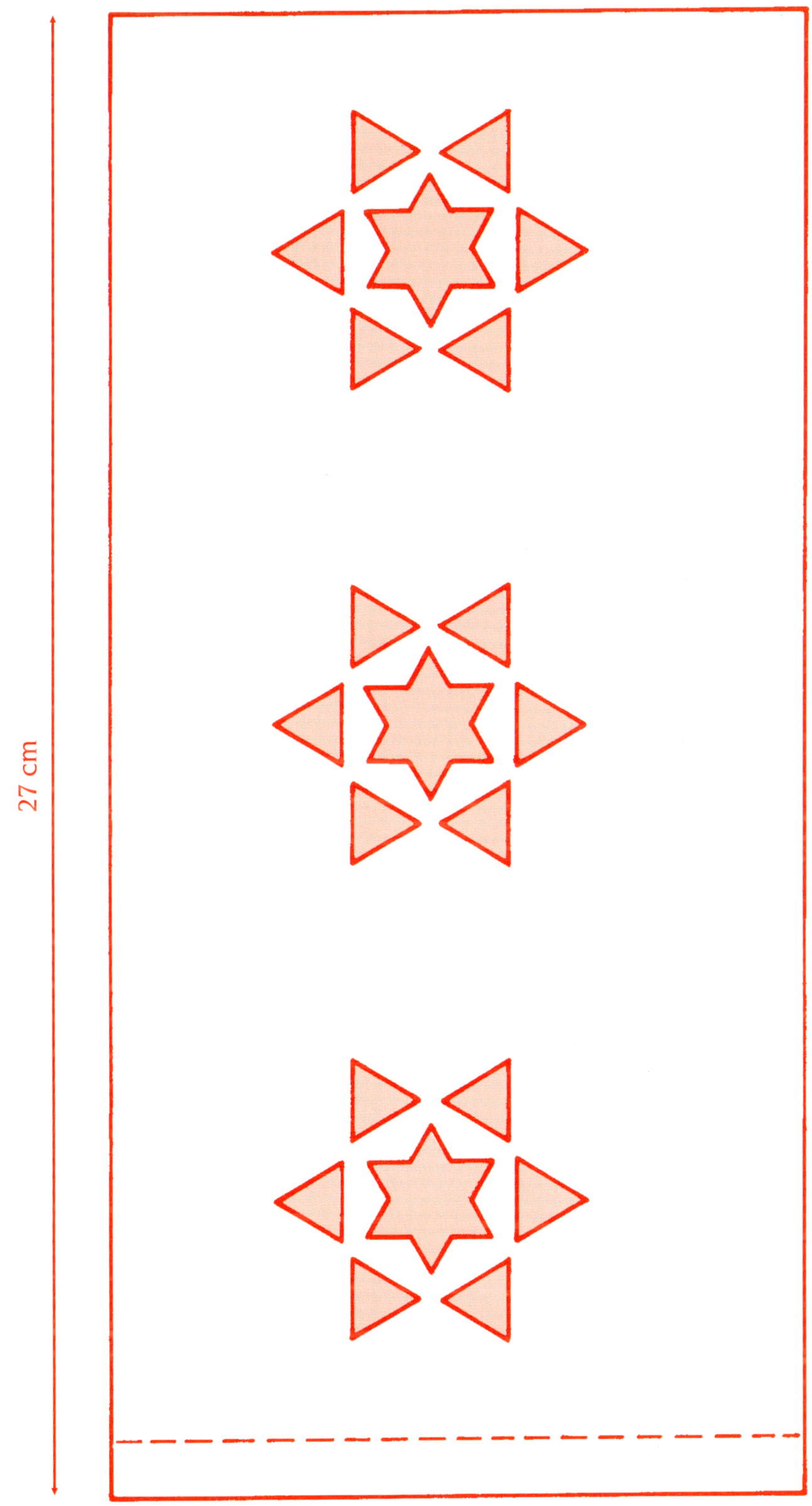

Faltschnittsterne

Material
- ★ Dünnes Papier, z.B. Schreibpapier, Durchschlagpapier oder Transparentpapier, weiß oder farbig

Werkzeug
- ★ Bleistift
- ★ Lineal
- ★ evtl. Winkelmesser
- ★ Bastelmesser
- ★ schnittfeste Unterlage

Als schmückende Aufkleber für Weihnachtskarten oder als Dekoration fürs Fenster sind diese Sterne sehr gut geeignet. Sie sind recht einfach zu fertigen und es macht Spaß, immer wieder neue Varianten zu erfinden, so daß man sich bald wünschen wird, noch mehr Freunde zu haben, denen man eine Karte mit solch einem persönlichen Attribut schicken kann, oder noch mehr Fenster, die mit den Faltschnittsternen verziert werden können.

Die Sternformen gelingen am besten, wenn sie mit dem Bastelmesser (und nicht mit der Schere) ausgeschnitten werden. Dafür braucht man eine schnittfeste Unterlage. Das kann eine Glasplatte sein, auf der sich das Messer zwar

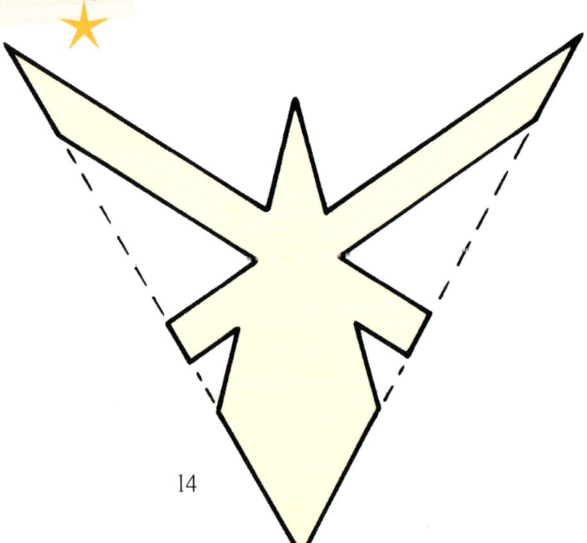

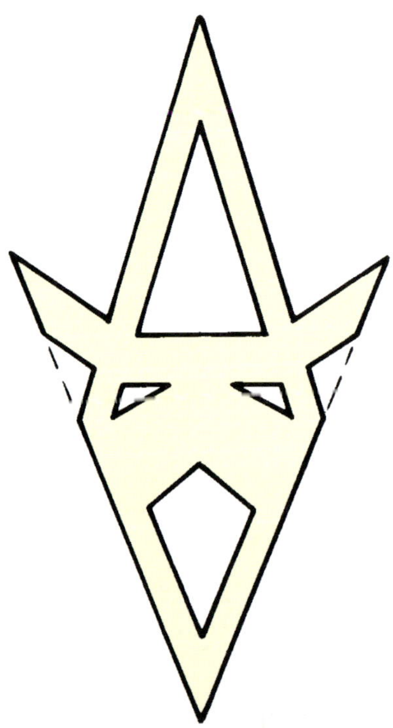

schneller abnutzt; bei einem Bastelmesser mit Abbrechklinge ist das kein Problem. Man kann aber auch Pappe als Unterlage verwenden. Sie muß nur dick genug sein, damit man nicht doch mit dem Messer bis zum Tisch durchschneidet. Je nach vorgesehener Verwendung genügen 10 x 10 cm große Stücke für die Sterne oder ein DIN A 4 bzw. DIN A 3 großes Blatt (also Briefpapier in der Größe 21 x 29,7 cm bzw. 29,7 x 42 cm große Bogen). Für die ersten Versuche oder das Ausprobieren eigener Entwürfe kann man zunächst auch irgendwelche beschriebenen oder bedruckten Papierreste verwenden.

So werden die Sterne gefertigt

① Für einen achtzackigen Stern das Papier zweimal falten, also auf ein Viertel seiner ursprünglichen Größe, dann noch einmal (oder auch zweimal) diagonal falten.

Für einen sechszackigen Stern das Papier zunächst auf halbe Größe falten.

② In der Faltkante die Mitte durch einen leichten Knick oder Bleistiftstrich markieren, einen Winkelmesser anlegen und einen 60°-Winkel anzeichnen.

③ An diese Markierung die eine Hälfte der Faltkante anlegen, die neue Falte scharf nachziehen, und dann die andere Seite des

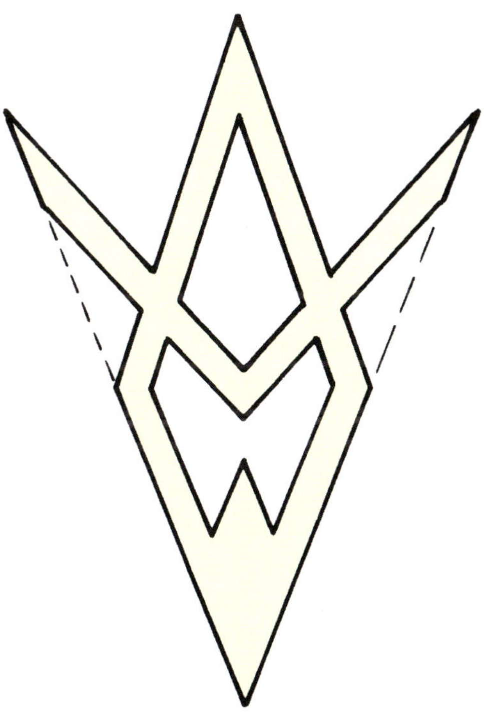

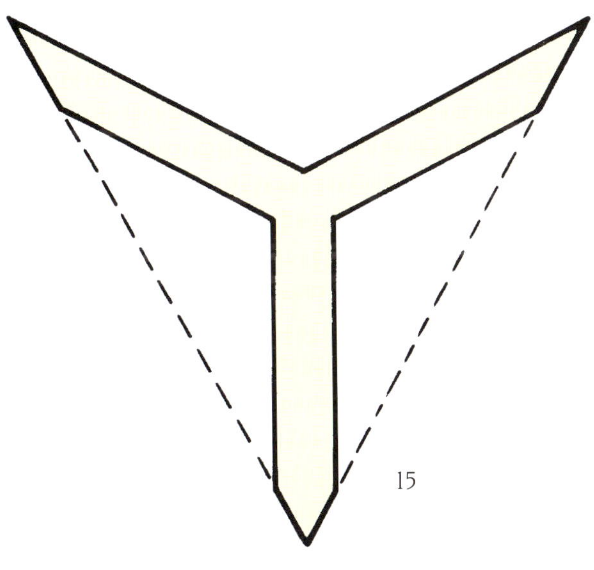

Papiers darüber schlagen; evtl. noch auf halbe Breite falten (das ergibt einen zwölfzackigen Stern).
④ Auf die oberste Papierlage entweder eines der vorgeschlagenen Muster übertragen oder ein eigenes Sternmuster entwerfen. Dabei die Zackenspitzen entweder auf der Mittellinie oder auf den beiden Seitenkanten anlegen.
⑤ Das (symmetrische) Muster mit einem Bastelmesser ausschneiden.
⑥ Das Papier vorsichtig auffalten – der Stern ist fertig.

Wie oben angemerkt, können beliebig viele Varianten ausprobiert werden. Bei kritischer Betrachtung der ersten Versuche wird man eine Sternform evtl. verändern, indem man die Stege breiter oder schmaler anlegt, Zacken steiler oder flacher zeichnet, Stege ganz wegläßt oder noch mehr Ausschnitte in die Fläche schneidet.
Will man ein Muster, das einem gefällt, möglichst genau wiedergeben, faltet man den Stern wieder zusammen, legt ihn auf das

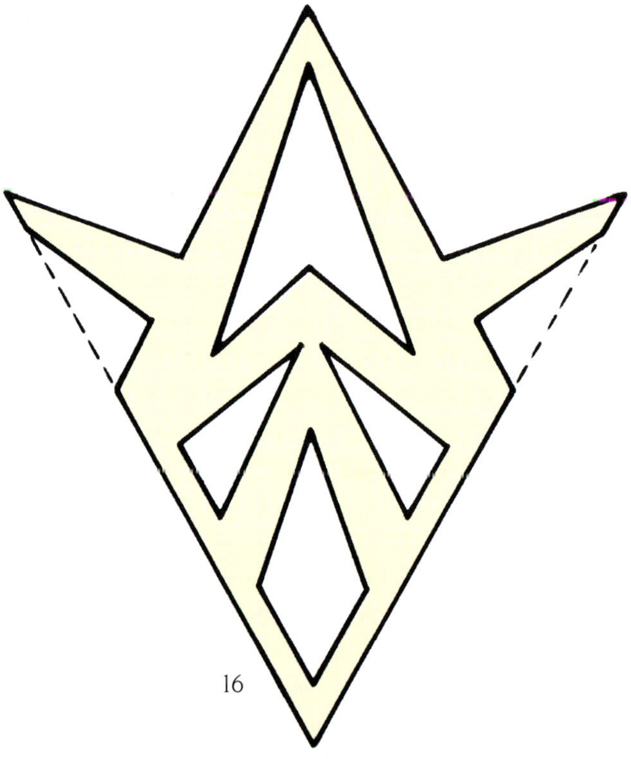

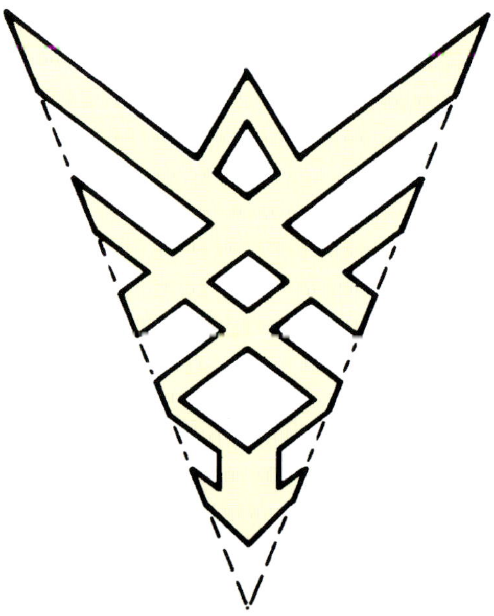

neue, ebenfalls gefaltete Papier, und sticht mit einer feinen Nadel die Spitzen und Innenecken des Ornaments durch. Bei dünnem Papier kann man anschließend auch gleich zwei oder drei Sterne in einem Arbeitsgang ausschneiden.

Auf diesen Seiten sind nur einige Beispiele für Faltschnittsterne zu sehen. Wer erst einmal damit begonnen hat, solche Sterne zu basteln, wird schnell weitere Varianten erfinden. Interessante Effekte entstehen, wenn dann am Fenster zwei unterschiedliche Sterne (eventuell auch in zweierlei Farben) aufeinandergeklebt werden.

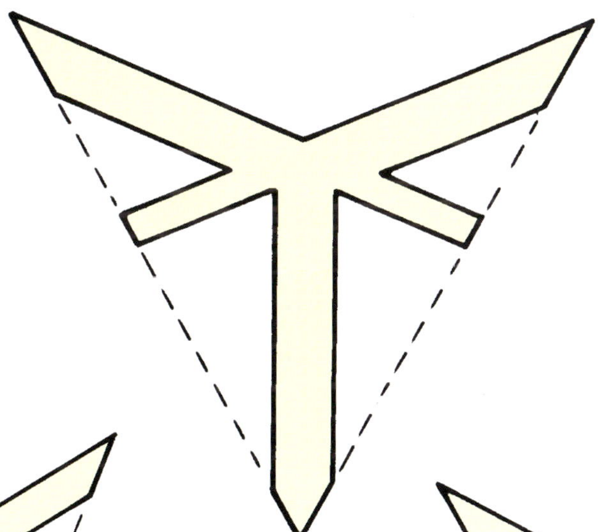

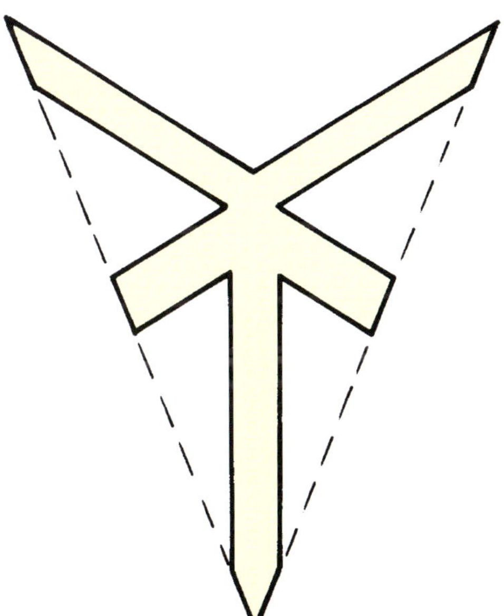

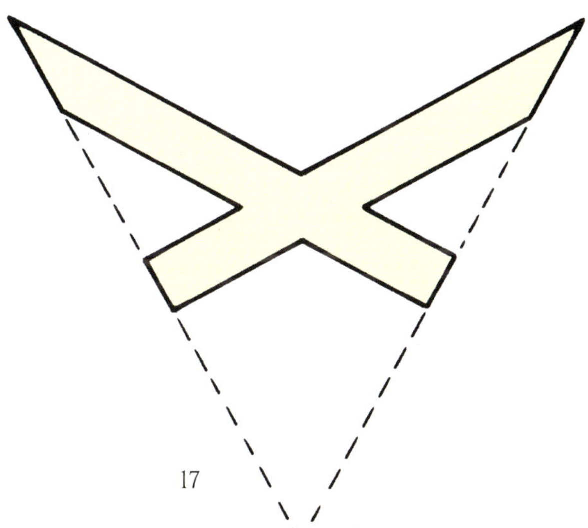

Vielstrahlensterne

Material
- ★ Weißes oder farbiges Papier oder Glanzfolie
- ★ Klebestift
- ★ Faden

Werkzeug
- ★ Nadel
- ★ Lineal
- ★ Bleistift
- ★ Schere
- ★ Bastelmesser
- ★ schnittfeste Unterlage

Sehr dekorativ wirken diese Sterne, die aus schmalen Papier- bzw. goldenen oder silbernen Glanzfolienstreifen gefertigt werden. Die Streifen müssen ein bestimmtes Verhältnis zwischen Länge und Breite aufweisen, sonst lassen sich Anfang und Ende nicht zur Sternform zusammenfügen: Die Streifen müssen wenigstens sechs mal länger als breit sein.

So wird der Stern gefertigt

① Auf das vorgesehene Material einen Streifen im Seitenverhältnis von 1 : 6 zeichnen. Verwendet man Glanzfolie in 50 cm Breite, können maximal 8 cm breite Streifen angezeichnet werden.

② Den Streifen ausschneiden.

③ Auf den Längsseiten in 1,5- oder 2-cm-Abständen dünne Markierungen anzeichnen.

④ Den Streifen in den angezeichneten Abständen mit dem Rücken einer Scherenklinge leicht falzen.

⑤ Den Streifen in Ziehharmonikafalten legen.

⑥ In der Mitte einer Schmalseite, einige Millimeter von der Kante eingerückt, die Nadel mit dem Faden durch alle Papier- bzw. Folienlagen stechen.

⑦ Am gegenüberliegenden Ende des Papiers bzw. der Folie eine Spitze schneiden.

⑧ Die Falten auseinanderziehen, erste und letzte Lage miteinander verkleben (evtl. einen Faltenstreifen wegschneiden).

⑨ Den Faden zusammenziehen und verknoten, so daß die stumpfe Schmalseite das Zentrum des Sterns bildet.

⑩ Die Sternform gleichmäßig auseinanderziehen.

Variante

Der Text oben beschreibt die einfachste Form des Sterns, der sich lediglich durch die spitz zulaufenden Strahlen als Stern auszeichnet und von einer ähnlich zu fertigenden Rosette unterscheidet. In die dicht zusammengepreßten Lagen des Materials können zusätzlich aber noch "Fenster" geschnitten werden, so daß der Stern ein raffinierteres Aussehen erhält. Die Zeichnungen geben einige Beispiele für Position und Form dieser Ausschnitte. Natürlich kann man sich noch mehr Varianten selbst ausdenken.

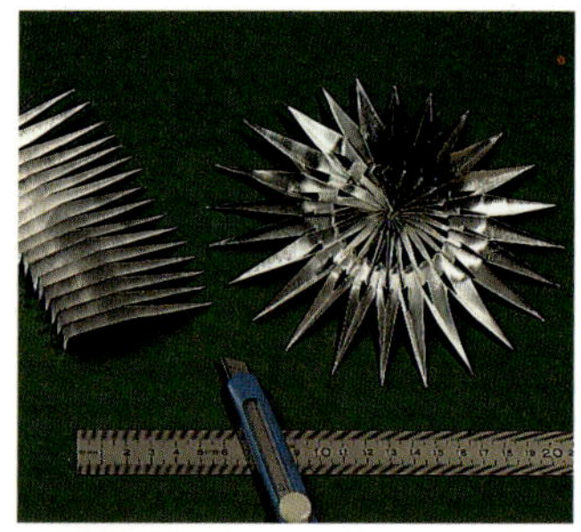

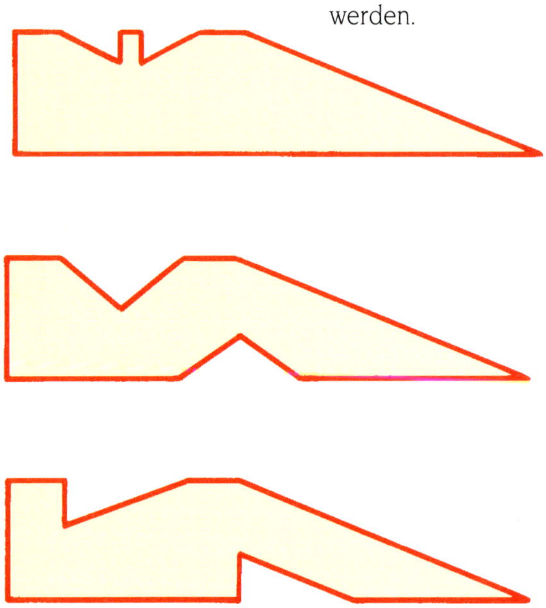

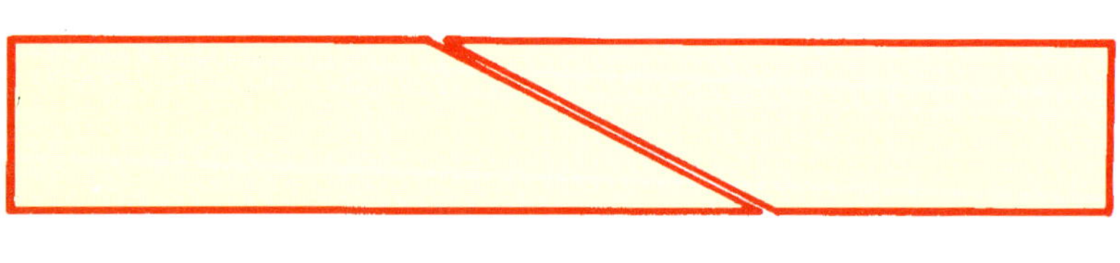

Tip

Ein großer Stern kann aus zwei Streifen gefertigt werden, deren Breite dem halben Durchmesser des Sterns entspricht und deren Länge nur das Dreifache der Breite ist. Nach dem Zuschneiden der auf beiden Teilen identischen Strahlen und Durchbrüche, werden die beiden Stücke halbkreisförmig aufgefaltet und miteinander verklebt.

Die Anfertigung mehrerer Sterne kann vereinfacht werden, indem man von der 50 cm breiten Folienrolle 11 cm breite Streifen schneidet, die man nach dem Falten schräg in zwei gleiche Stücke teilt (siehe Zeichnung).

Fenstersterne aus Transparentpapier

Material
- Weißes oder farbiges Transparentpapier (sog. Drachenpapier)
- evtl. Durchschlagpapier
- Klebestift
- Faden als Aufhänger
- Tesafilm (Zum Befestigen des Aufhängers)

Werkzeug
- Bleistift
- Lineal
- Bastelmesser
- schnittfeste Unterlage

Mit den länger werdenden Abenden im Herbst gehen an vielen Fenstern diese Sterne auf. Sie erscheinen in vielfältigen Formen und Farben und sind ein Fensterschmuck sowohl für den Betrachter von drinnen wie von draußen. Erst bei Gegenlicht kommen sie so recht zur Geltung. Dann erst zeigen sich deutlich die Ornamente, die aus den Überlagerungen der einzelnen Faltungen in den Sternzacken entstanden sind.

Es steht jedem frei, ob er ein Fenster mit einem einzigen großen Stern schmückt, oder ob er mehrere kleine Sterne an die Fensterscheibe klebt. Ein Blickfang wird das Fenster auf jeden Fall sein.

So werden die Sterne gefertigt
Eine detaillierte Anleitung ist bei diesen Sternen eigentlich nicht nötig, da die Zeichnungen genug über die Faltungen in den Zacken vermitteln. Aus den Proportionen der Papierzuschnitte ergibt sich die Form der Sterne. Man kann gedrungene oder sehr spitzzackige Sterne basteln, man kann sich für Sterne mit wenigen Zacken entscheiden oder einer vielstrahligen Form den Vorzug geben. Wie auch immer – man faltet eine ausreichende Zahl von Zacken (wobei es auf sehr präzises Falten ankommt, weil andernfalls die Winkel im Zentrum des Sterns nicht stimmen und im Gegenlicht deutliche

r = 8 cm

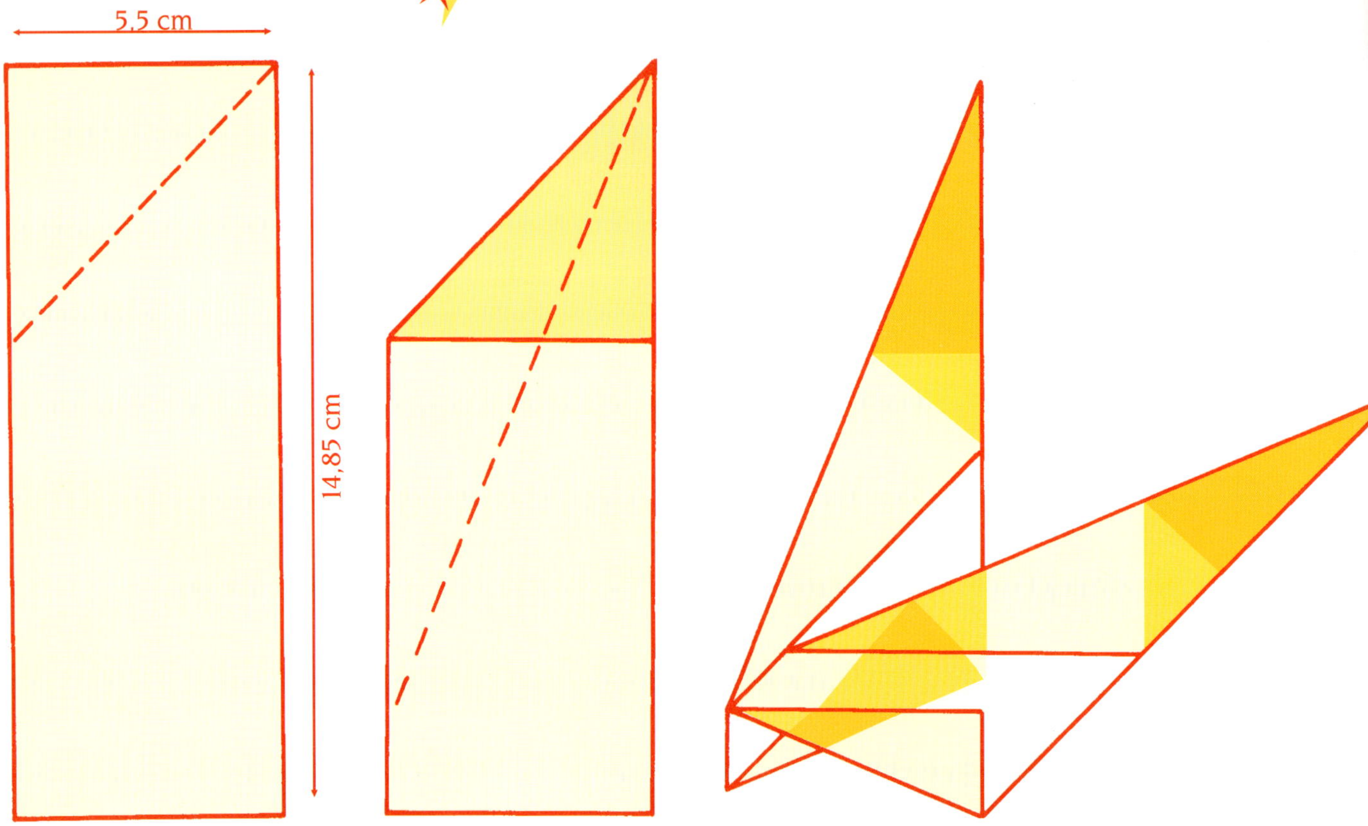
5,5 cm
14,85 cm

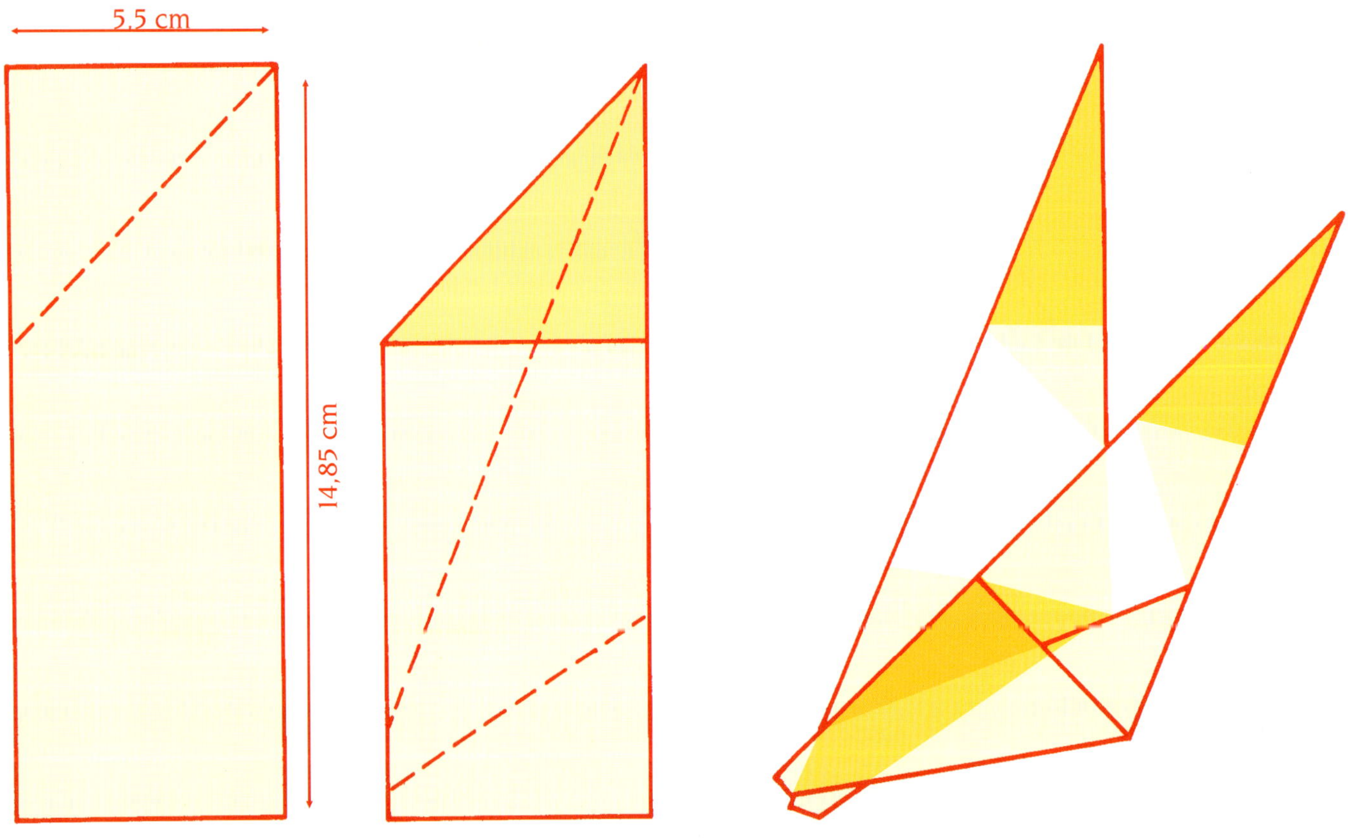
5,5 cm
14,85 cm

Fehler zu sehen sind). Erst wenn alle Zacken vorgefaltet sind, fügt man sie nach und nach im Uhrzeigersinn überlappend zusammen. Mit dem Klebestift werden die Falten anschließend fixiert.

Es empfiehlt sich, für die ersten Versuche das preiswertere Durchschlagpapier zu verwenden, und erst dann, wenn einem die entstandene Sternform gefällt, das teurere farbige Transparentpapier einzusetzen. Die Fotos zeigen, daß auch mehrfarbige Sterne gefertigt werden können, aber oft sind einfarbige Sterne schon attraktiv genug.

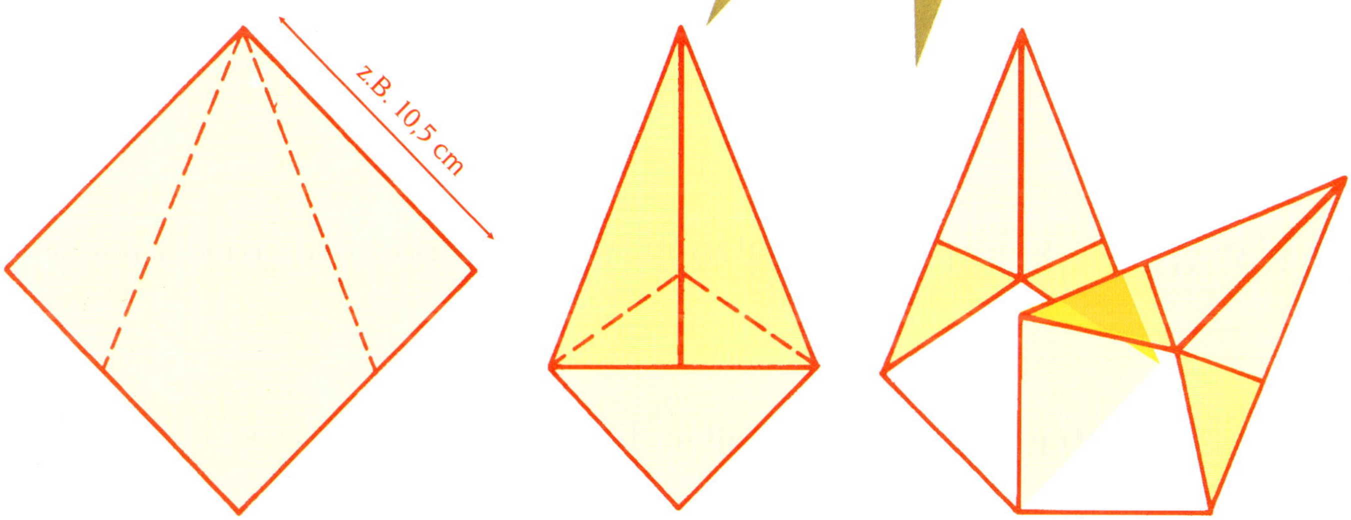

Der Fröbelstern

Material

- ★ Weißes oder farbiges Papier, für kleine Baumsterne wenigstens DIN A 3 groß (gut geeignet ist auch Ramieband (eine Bastfaser), zwischen 1 und 3 cm breit)
- ★ Faden als Aufhänger

Werkzeug

- ★ Lineal
- ★ Bleistift
- ★ Bastelmesser
- ★ schnittfeste Unterlage

Dieser Stern ist nicht nur einer der Schönsten, sondern auch vielseitig verwendbar – klein als Baumanhänger, groß (und nur auf einer Seite mit Schlaufen versehen) auch als Dekoration auf Geschenken. Manchem Leser mag also der Stern bereits bekannt sein; da viele ihn aber höchstens einmal im Jahr basteln, wird der Arbeitsablauf leicht vergessen; deshalb ist also auch hier die genaue Arbeitsanleitung angegeben.

So wird der Stern gefertigt

Bei den ersten Sternen werden die einzelnen Arbeitsschritte noch nicht auf Anhieb perfekt gelingen. Das Verständnis der folgenden Anleitung wird aber wesentlich erleichtert, wenn man die Arbeit immer so auf den Tisch legt, daß die am Anfang entstehende Kreuzform sich rechtwinklig vor einem befindet.

① Für einen Fröbelstern sind vier Papierstreifen zuzuschneiden, die ein Seitenverhältnis von 1 : 30 aufweisen müssen.

Verwendet man DIN A 3 große Papierbögen, kann man parallel zu einer 42 cm langen Kante 1,5 cm breite Streifen schneiden (das ergibt dann 6 cm große Sterne). Will man größere Sterne fertigen, benötigt man entsprechend größere Papierbögen.

② Die Enden der Papierstreifen etwas spitz zuschneiden (damit man nachher leichter falten kann) und die Streifen auf halbe Länge falten.

③ Vier Streifen so ineinander stecken, wie es die Zeichnung zeigt. Zusammenziehen – aber nicht zu fest, sonst läßt sich nachher schlecht flechten.

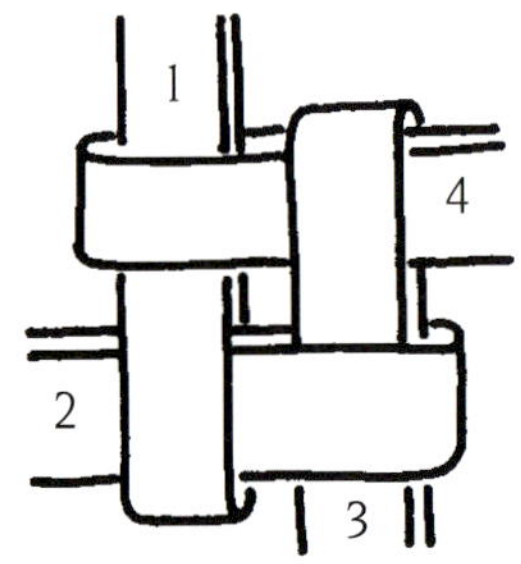

④ Vom linken, nach oben offenen Streifen 1 die obere Lage nach unten schlagen,

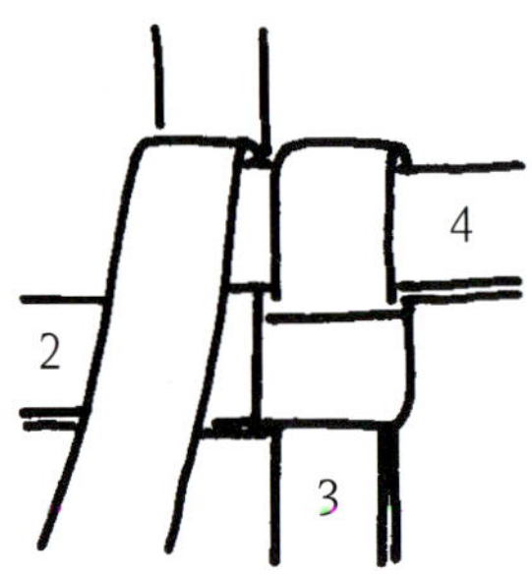

danach vom Streifen 2 die obere Lage nach rechts, dann vom dritten Streifen die obere Lage nach oben und schließlich vom Streifen 4 die obere Lage nach links falten und unter den Umschlag des ersten Streifens stecken.

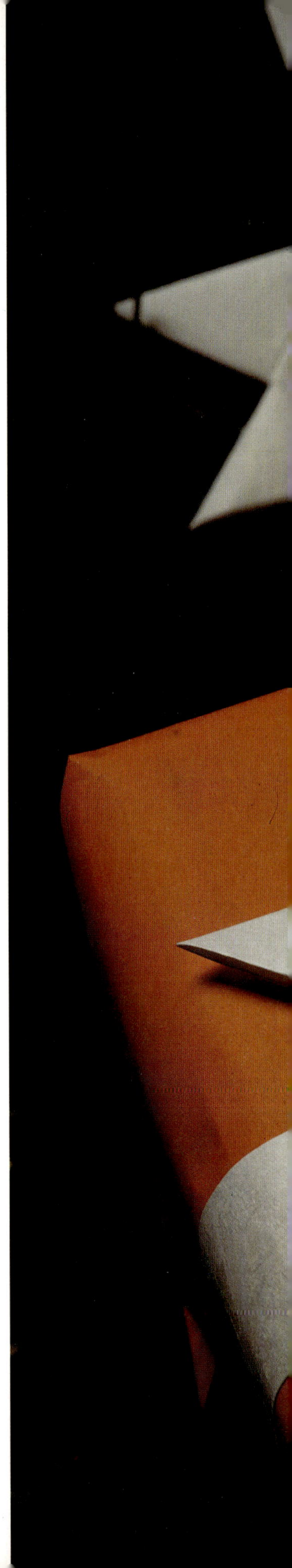

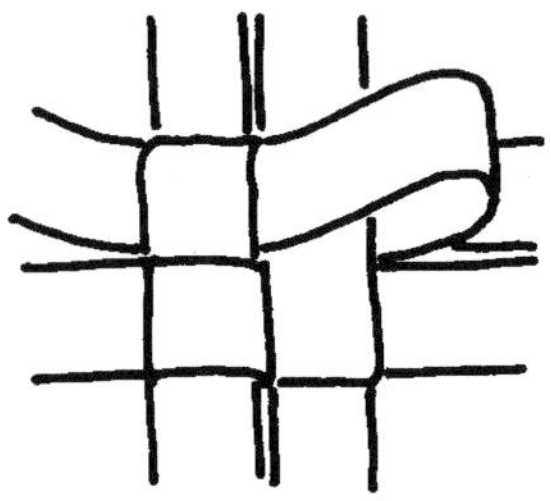

⑤ Den Streifen rechts oben nach hinten (!) und rechts falten, so daß er parallel zu den beiden nach rechts weisenden Streifen liegt.

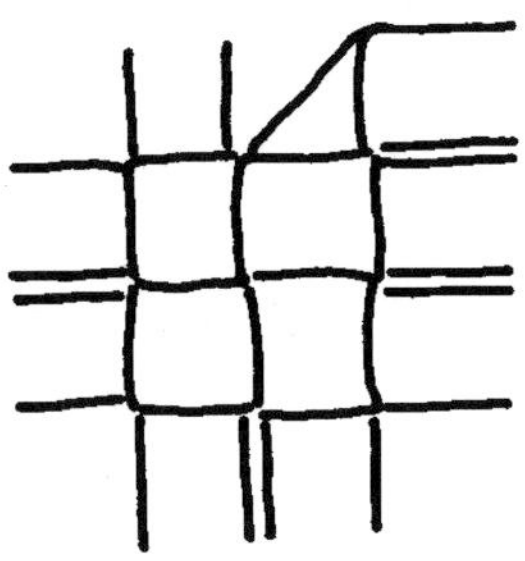

⑥ Den Streifen direkt an der Außenkante der so entstandenen Dreiecksfläche nach links umschlagen, leicht öffnen und das Streifenende an der unteren Dreieckskante unter den Querstreifen stecken.

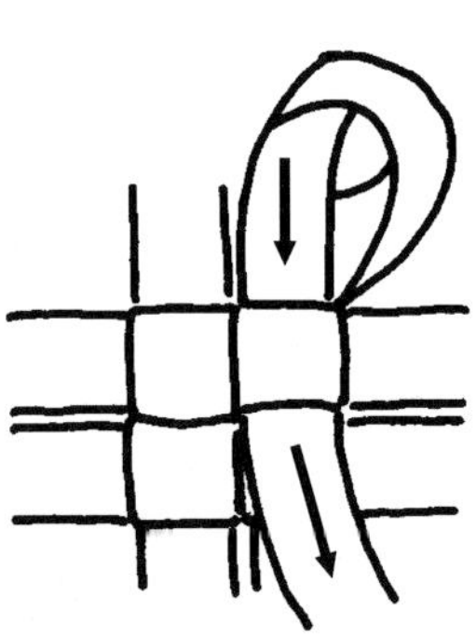

Vorsichtig anziehen, bis der erste Sternzacken entstanden ist.

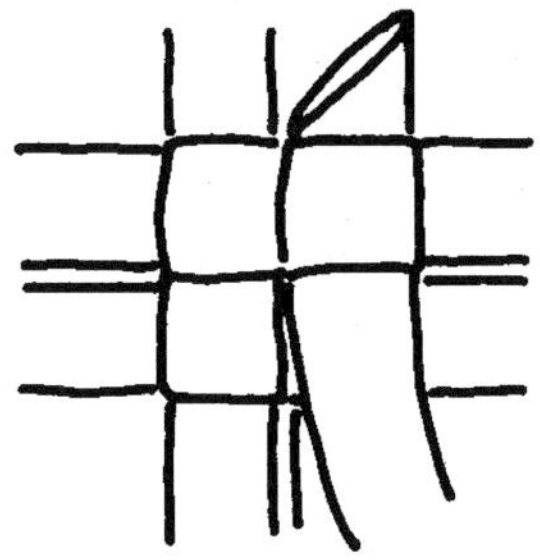

⑦ Die Arbeit um 90° nach links drehen und den eben beschriebenen Vorgang am rechten oberen Streifen wiederholen.
⑧ Danach wiederum die Arbeit um 90° nach links drehen und eine weitere Sternzacke fertigen.
⑨ Schließlich die vierte Zacke falten.
⑩ Die Arbeit wenden und mit dem oberen der beiden rechts oben befindlichen Papierstreifen die erste Sternzacke auf dieser Seite fertigen.

⑪ Nach und nach auch die restlichen der insgesamt acht Sternzacken falten.

⑫ Den oberen der beiden nach rechts weisenden Streifen zunächst nach links umklappen.
⑬ Den rechten unteren Streifen nach oben umklappen, dann das Streifenende im Bogen unter dem hochgeschlagenen ersten Streifen ins Sterninnere stecken und nach links durchschieben.

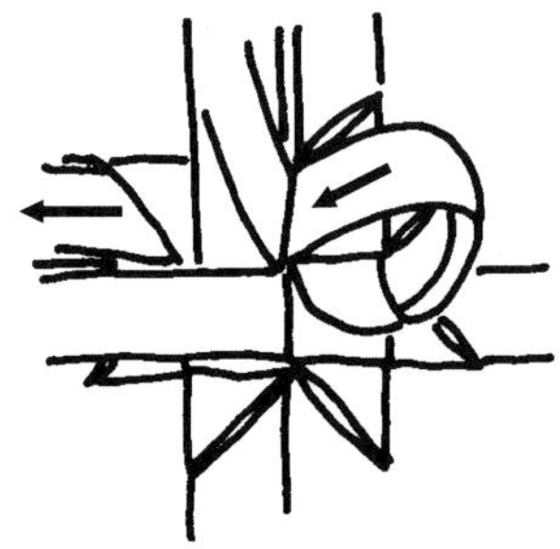

⑭ Am Streifenende vorsichtig ziehen, bis die Schleife im Zentrum des Sterns schön gleichmäßig geschlossen ist.
⑮ Die Arbeit um 90° nach links drehen, den rechten unteren Streifen hochklappen, im Bogen nach links schwenken und unter der eben entstandenen Schleife durchziehen.
⑯ Nach einem weiteren Schwenk um 90° nach links den nächsten Streifen und schließlich nach abermaligem Schwenken um 90° den letzten Streifen zur Schleife formen.

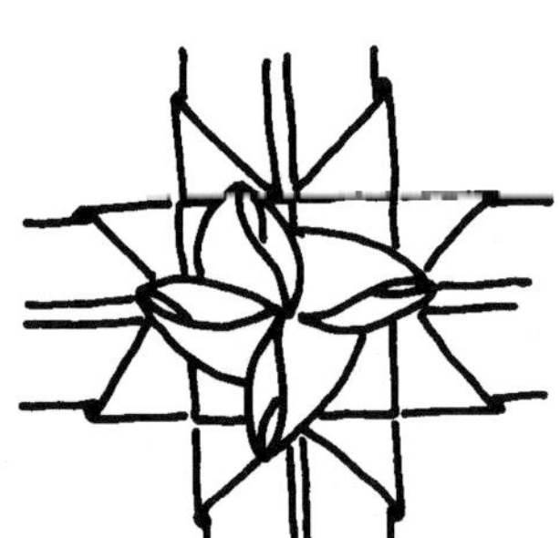

⑰ Die Arbeit umdrehen und hier ebenfalls die Flechtschritte 12 bis 16 ausführen.
⑱ Die über die Sternzacken hinausragenden Streifenenden abschneiden.
Der Stern ist fertig. Nun muß nur noch zwischen zwei Zacken ein dünner Faden als Aufhänger befestigt werden.

Variante

Will man den Stern z.B. als Tischschmuck auslegen oder als Dekoration für ein Geschenk verwenden, dann kann eine flache Unterseite vorteilhaft sein. Für solche Sterne verzichtet man auf die Schleifen der zweiten Seite (beendet also mit dem Arbeitsschritt 16 das Flechten). Die überstehenden Streifenenden werden bündig mit den Zackenkanten abgeschnitten, die längeren Streifen auf der flachen Unterseite des Sterns können als Bänder um das Geschenkpaket gelegt werden.

Fröbelsterne als Baumanhänger – hier aus kräftig rotem Papier gefertigt – wirken sehr dekorativ selbst dann, wenn sie nur wenige Zentimeter messen. Die große Anzahl macht's!

Zehnzackenstern aus zwei fünfstrahligen Teilen

Mit recht wenig Arbeitsaufwand entsteht dieser plastische Stern, der aus zwei fünfstrahligen Teilen zusammengefügt wird. Jedes dieser fünfstrahligen Teile ist ursprünglich ein Stern mit sechs Strahlen. Zwischen den Strahlen und an der Basis der Strahlen werden Falten gezogen. Klebt man dann zwei Strahlen aufeinander, entsteht ein fünfzackiger Stern, über dessen Zentrum sich eine fünfseitige Pyramide erhebt.

So wird der Stern gefertigt

① Auf dem vorgesehenen Material einen Kreis mit dem Radius 6 cm zeichnen.
② Auf dem Umfang sechsmal den Radius anzeichnen.
③ Jeden Kreispunkt mit den beiden übernächsten Punkten durch Linien verbinden.
④ Den so gezeichneten sechsstrahligen Stern ausschneiden.
⑤ Eine Spitze auf die gegenüberliegende legen und die durch den Mittelpunkt gehende Falte scharf nachziehen.
⑥ In gleicher Weise zwischen den anderen Spitzen zwei weitere Falten ziehen.
⑦ Das Papier wenden, jede Spitze zum Mittelpunkt falten und die Falten wieder öffnen.
⑧ Eine der durch den Mittelpunkt gezogenen Falten bis zum Mittelpunkt einschneiden.
⑨ Eine Sternspitze abschneiden.
⑩ Die verbleibende drei-

Material

- ★ Weißes oder farbiges Papier oder Glanzfolie
- ★ Klebestift

Werkzeug

- ★ Zirkel
- ★ Lineal
- ★ Bleistift
- ★ Bastelmesser
- ★ schnittfeste Unterlage

eckige Fläche unter das Nachbar-Dreieck kleben. Dabei formt sich der Mittelteil zu einer fünfseitigen Pyramide.

⑪ Zwei solcher Sterne Rükken an Rücken zusammenkleben, jeweils um halbe Strahlenbreite versetzt, so daß ein zehnzackiger, dreidimensionaler Stern entsteht. Werden die beiden Sterne Spitze auf Spitze miteinander verbunden, so entsteht nur ein fünfstrahliger Stern. Das angegebene Maß für den Radius ist natürlich nur ein Beispiel; es kann nach Belieben verändert werden, je nachdem, ob man kleinere oder größere Sterne fertigen will.

Erste Variante

Statt eines fünfzackigen Sterns kann auch ein Stern mit sieben Strahlen gebastelt werden, der aus einem achtstrahligen Schnittmuster entsteht.

① Einen Kreis zeichnen, dessen Durchmesser der gewünschten Sterngröße entspricht.

② Einen Durchmesser mit seinen beiden Schnittpunkten auf dem Kreis markieren; durch den Mittelpunkt des Kreises die Senkrechte anzeichnen, rechts und links davon im Winkel von 45° zwei weitere Linien durch den Mittelpunkt ziehen und die Schnittpunkte auf dem Kreis markieren.

③ Jeden der acht Punkte auf dem Kreis durch eine dünne Linie mit dem drittnächsten Kreispunkt verbinden. So entsteht die Zeichnung eines achtstrahligen Sterns.

④ Die Strahlen ausschneiden und dann weiter verfahren, wie für den Fünfzackenstern beschrieben (siehe den vorhergehenden Arbeitsschritt 5).

Zweite Variante

Das Schnittmuster, das auf dieser Seite zu sehen ist, wird aus einem Kreis entwickelt, der in sechs bzw. acht Sektoren unterteilt wird. Dabei sind die entstehenden fünf bzw. sieben Zacken genauso groß, wie die dazugehörigen, mit den Spitzen zum Mittelpunkt weisenden Dreiecke.

Im Foto links ist ein Stern zu sehen, der sehr viel schlankere und spitzere Strahlen aufweist. Für diese Form sind zwei konzentrische Kreise zu zeichnen, auf denen die Außenkanten der plastischen Innenform und die Spitzen der Strahlen anzuzeichnen sind. Das bedeutet etwas mehr Arbeitsaufwand, ergibt aber eine besonders attraktive Sternform (siehe Zeichnung Seite 30).

Die in der folgenden Beschreibung angegebenen Radien für die Kreise können beliebig verändert werden. Die hier angegebenen ergeben Baumsterne mit knapp 10 cm Durchmesser.

① Einen Kreis mit dem Radius 6 cm zeichnen und auf dem Kreis sechsmal den Radius abtragen.

② Um zwei benachbarte Kreispunkte Bögen schlagen; vom Schnittpunkt dieser Bögen durch den Kreismittelpunkt eine Linie zur anderen Seite des Kreises ziehen.

③ Von den beiden neuen Kreispunkten aus wiederum den Radius 6 cm abtragen. Auf dem Kreis sind nun zwölf Punkte markiert.

④ Um den Kreismittelpunkt einen Kreis mit dem Radius 2 cm ziehen.

⑤ Von jedem zweiten Punkt auf dem äußeren Kreis aus den Durchmesser zeichnen.

⑥ Die Schnittpunkte dieser Durchmesser mit dem

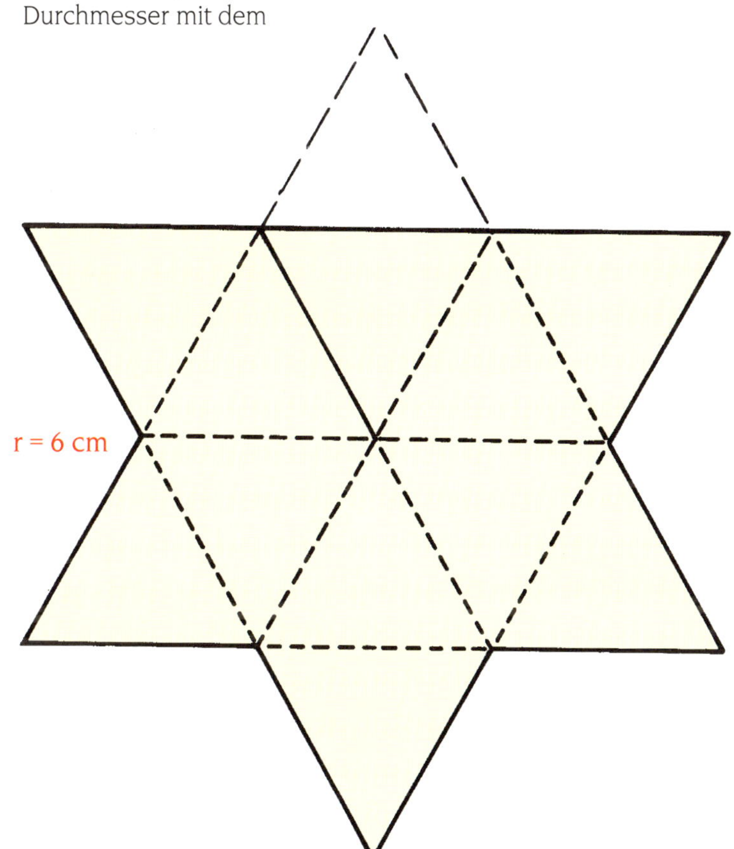

kleinen Kreis durch feine Linien zu einem Sechseck verbinden.

⑦ Die anderen sechs Punkte auf dem großen Kreis mit den Ecken des Sechsecks verbinden. Damit sind dann auch die Strahlen des Sterns gezeichnet.

⑧ Die Sternform ausschneiden, im Sechseck die drei Diagonalen vorfalten, ebenso die Linien zwischen dem Sechseck und den Strahlen; einen Strahl abschneiden, eine Diagonale zur Hälfte einschneiden und wieder einen Stern mit plastisch erhabener Mitte kleben.

⑨ Zwei solcher Sterne Rücken an Rücken mit versetzt angeordneten Strahlen zusammenkleben.

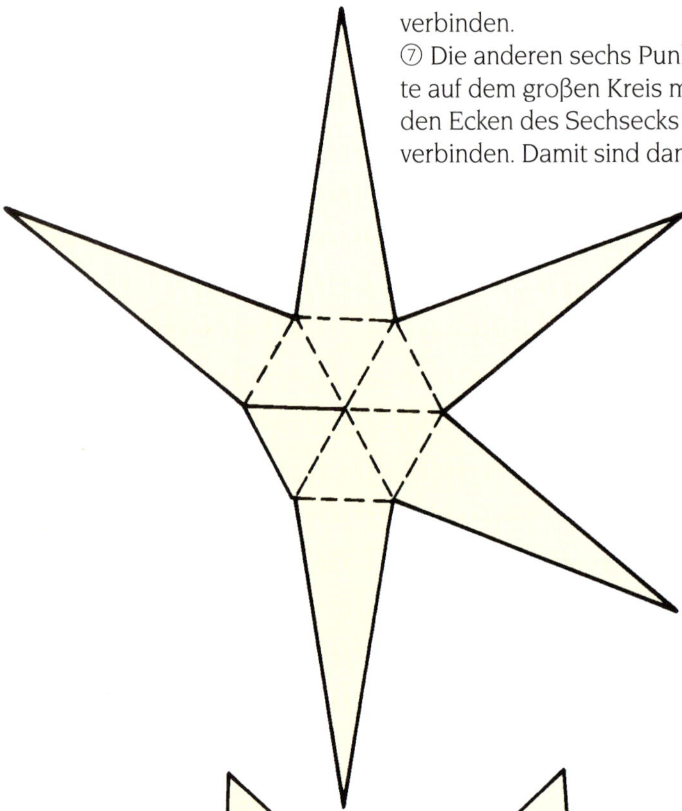

Auch diese Sternform läßt sich variieren. Nach dem beschriebenen Verfahren wird auf dem großen Kreis zunächst ein Achteck angezeichnet, zwischen dessen Ecken weitere acht Punkte angezeichnet werden, von denen aus zu einem kleinen Kreis ein Achteck gezeichnet wird, ehe schließlich die acht Zacken des Sterns anzulegen sind.

Zwei solcher siebenzackiger Sterne ergeben, mit versetzten Strahlen Rücken an Rücken zusammengeklebt, einen Stern mit 14 Spitzen.

Tip

Da es mühsam wäre, für jede einzelne Teilform diese Hilfszeichnung zu konstruieren, empfiehlt es sich, die erste Teilform auf einem etwas dickeren Karton anzulegen, sehr präzise auszuschneiden und dann als Schablone zu verwenden. Die Schablone wird auf das eigentliche Sternmaterial gelegt, anschließend werden mit einer Nadel oder Stechahle die Spitzen und Innenecken markiert.

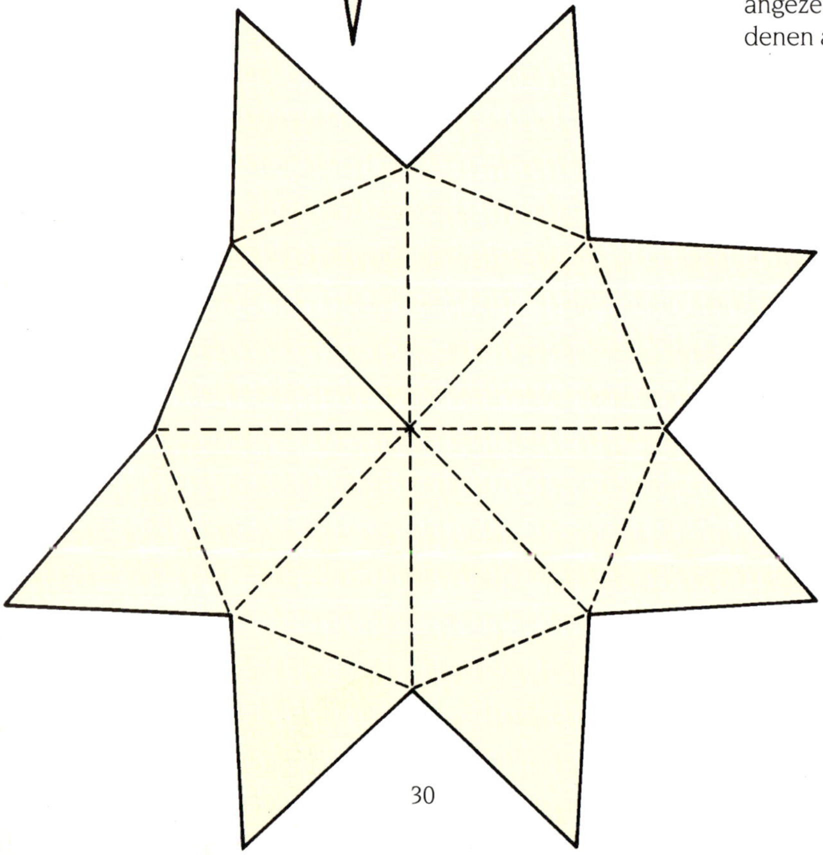

In der Grundform sind diese Sterne relativ einfach und schnell zu fertigen und eignen sich deshalb für die "Serienproduktion", die für den Baumschmuck nun einmal notwendig ist. Etwas mehr Aufwand verlangt die Variation mit den schlanken Spitzen (siehe Foto Seite 28).

Stern mit Doppelspitzen

Material
- ★ Karton für die Schablone
- ★ farbiges Papier oder Glanzfolie
- ★ Faden als Aufhänger

Werkzeug
- ★ Zirkel
- ★ Lineal
- ★ Bleistift
- ★ Bastelmesser
- ★ schnittfeste Unterlage
- ★ Klebestift

Am Anfang ist ein wenig Mühe aufzuwenden, um die Schablone herzustellen, mit deren Hilfe dann das eigentliche Sternpapier ausgeschnitten wird. Hat man dies geschafft, ist der Rest – die Anfertigung einer baumfüllenden Menge von Sternen – buchstäblich ein Kinderspiel. Auch Kinder können mithelfen, die ausgeschnittenen Sternformen zu Sternen zu falten.

So wird der Stern gefertigt

① Auf dem Karton einen Kreis mit dem Radius 4,5 cm zeichnen (der Durchmesser der Sterne beträgt dann 9 cm) und auf dem Kreis sechsmal den Radius abtragen.

② Jeden Schnittpunkt auf dem Kreis mit dem übernächsten Schnittpunkt durch eine gerade Linie verbinden und die Linie jeweils nach einer Seite etwa um die Länge des Radius über den Kreis hinaus verlängern (siehe Zeichnung 1).

③ Von jeder Sternspitze auf der weitergeführten Linie mit dem Zirkel den Abstand von der Sternspitze zum nächsten Innenwinkel der Sternform antragen (siehe die durchgezogenen Linien in Zeichnung 2).

④ Diese neuen Schnittpunkte durch eine gerade Linie mit der nächsten Sternspitze nach links verbinden (man kann auch die nächste Sternspitze nach rechts verbinden; entscheidend ist, daß die Linien immer nur nach einer Seite gezogen werden).

⑤ Danach die Schnittpunkte durch eine gerade Linie mit dem Innenwinkel der gleichen Sternspitze verbinden (siehe die durchgezogenen Linien in Zeichnung 3).

⑥ Die nun fertig gezeichnete Schablone auf einer schnittfesten Unterlage mit einem Bastelmesser ausschneiden.

⑦ Die Schablone auf das für die Sterne vorgesehene Material legen (am besten gleich mehrere Lagen bereitlegen) und das Papier bzw. die Folie entlang der Kanten mit dem Bastelmesser akkurat ausschneiden.

⑧ Die erste Zacke zurückfalten (in der Zeichnung 4 die heller getönte Fläche), danach die zweite Zacke darüber falten (die dunkler getönte Fläche) – und so nach und nach auch die anderen Zacken.

⑨ Die letzte Zacke umfalten, auf der Unterseite mit etwas Klebstoff bestreichen, und dann unter die zuerst gefaltete Zacke stekken und andrücken, bis der Klebstoff hält.

⑩ An einer Zacke einen Aufhänger anbringen.

Man kann den Stern auch aus einseitig gefärbtem (also nicht durchgefärbtem) Papier basteln. Legt man die farbige Seite vor dem Falten nach unten, werden die Doppelspitzen farbig, das Zentrum bleibt weiß. Verwendet man Glanzfolie, die auf der einen Seite gold-, auf der anderen silberfarben ist, entstehen ebenfalls zweifarbige Sterne.
Der Stern sieht übrigens besonders attraktiv aus, wenn die Falten nicht scharf durchgezogen, sondern allenfalls an den Innenwinkeln zwischen den Zacken fest angedrückt werden. Dann sind die Doppelspitzen leicht plastisch erhaben.

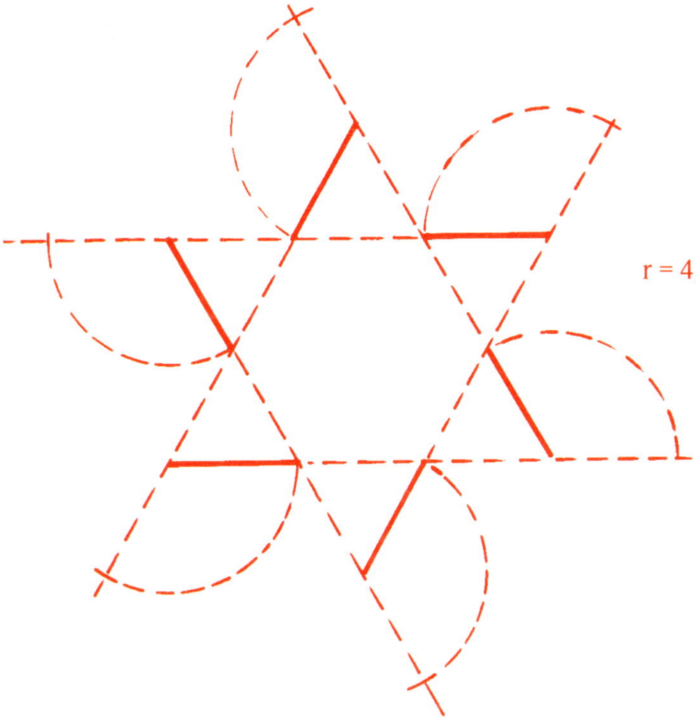

r = 4,5 cm

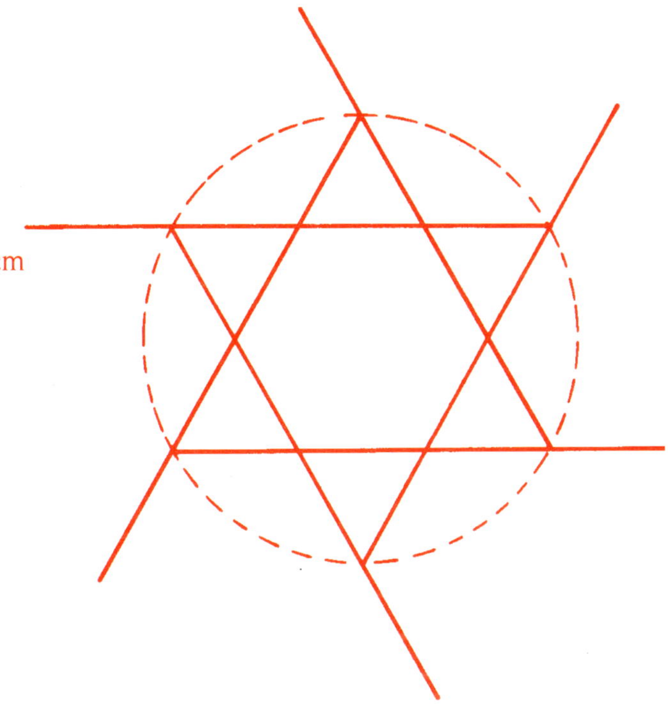

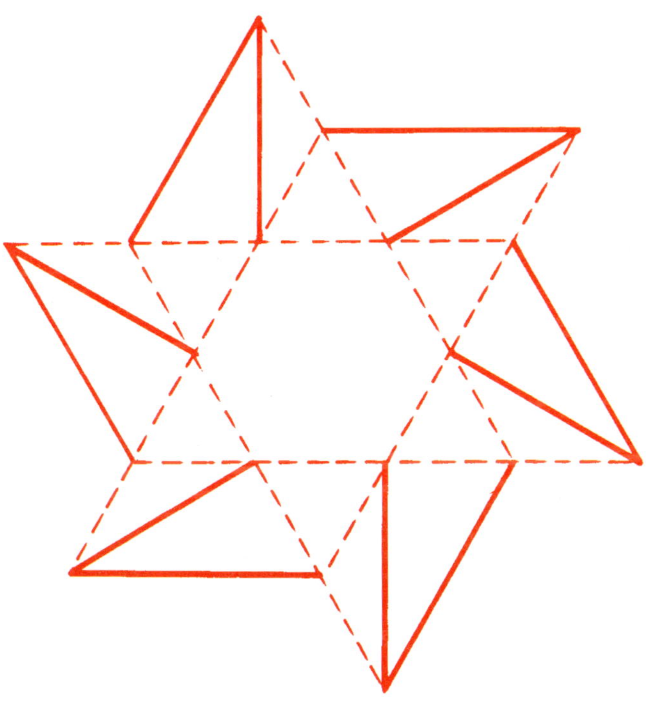

Siebenstern

Fast wie der Zuschnitt für eine einfache Papierkrone, wie sie Kinder gerne als Theaterrequisit basteln, sieht das Schnittmuster für diesen Stern aus: ein schmaler Streifen mit stumpfen Zacken entlang einer Längsseite. Fertig gefaltet und geklebt hat das daraus entstandene Gebilde keinerlei Ähnlichkeiten mit einer Theaterkrone mehr, sondern ist ein Stern ganz besonderer Art.
Die Anfertigung dieses siebenzackigen Sterns beginnt mit der Aufzeichnung des Schnittmusters. Das kostet ein bißchen Zeit (und verlangt einen spitzen Bleistift und große Genauigkeit).
Man kann sich diese Arbeit jedoch erleichtern, indem man gleich das Schnittmuster für mehrere solcher Sterne konstruiert. Die Zeichnung zeigt, daß jeweils zwei Schnittmuster zusammenhängend konstruiert werden können; die grau getönte Fläche ist der Zuschnitt eines Sterns.
Die hier angegebenen Maße ergeben einen Stern von etwa 9 cm Durchmesser. Sie können im Prinzip verändert werden, wobei aber die Abmessungen der waagrechten und senkrechten Linien im gleichen Maßstab verändert werden müssen. Die Winkel zwischen den gestrichelt eingezeichneten Faltlinien müssen gleich bleiben, damit sie zusammen 360° ergeben. Vergrößert man den Stern, werden im gleichen Maßstab aber auch die "Rippen" über den Strahlen größer, was für das Aussehen des Sterns nicht unbedingt von Vorteil ist.

So wird der Stern gefertigt
① Senkrecht zu der wenigstens 29 cm langen Kante des Papiers bzw. der Folie am rechten und linken Rand des Materials nacheinander die Abstände 2 cm, 2,1 cm, 2 cm usw. antragen und

Material
- ★ Farbiges Papier oder Glanzfolie, eine Kante mindestens 29 cm lang
- ★ Klebestift

Werkzeug
- ★ Lineal
- ★ Bleistift
- ★ Schere
- ★ Bastelmesser
- ★ schnittfeste Unterlage

durch feine Linien verbinden.
② Quer zu diesen Linien in 2-cm-Abständen ebenfalls Linien ziehen.
③ An einer Schmalseite dieser Zeichnung noch einen 1 cm breiten Streifen als spätere Klebelasche anzeichnen.
④ Mit dem Rücken einer Schere, die an einem Lineal entlanggezogen wird, an den in der Zeichnung gestrichelten Linien leicht falzen.
⑤ Mit dem Bastelmesser auf einer schnittfesten Unterlage die dicker gezeichneten Linien durchschneiden. Nun hat man die Teile für zwei Sterne.
⑥ An den quer zu den Längskanten vorgefalzten Linien Bergfalten in das Material machen, an den schräg verlaufenden Linien Talfalten.
⑦ Auf die Dreiecksflächen nacheinander sparsam Klebstoff streichen und die beiden Hälften rechts und links der Bergfalten zusammenkleben.
⑧ Die Sternform mit der Klebelasche (deren Umriß nach der Form des anzusetzenden Sternstrahls entsprechend zurechtschneiden) schließen.
⑨ Einen zweiten Stern Rükken an Rücken mit diesem Stern zusammenkleben, eine Sternzacke durchstechen und einen dünnen Faden als Aufhänger befestigen.

Stern aus einem Dreieck

Material

- ★ Karton für Schablone
- ★ farbiges Papier oder Glanzfolie

Werkzeug

- ★ Lineal
- ★ Bleistift
- ★ Zirkel
- ★ Schere oder Bastelmesser
- ★ schnittfeste Unterlage
- ★ Nähnadel oder Stechahle

Der hier vorgestellte Stern wird in seiner Grundform manchem Leser schon bekannt sein, nicht jedoch die Varianten, die einige neue Aspekte bringen.

So wird der Stern gefertigt

① Für Sterne, die als Baumschmuck gedacht sind, auf dem Schablonenmaterial mit dem Zirkel ein gleichseitiges Dreieck mit 11 cm langen Kanten zeichnen. Das ergibt einen Stern mit einem Durchmesser von knapp 7 cm.
② Dieses Dreieck ausschneiden.
③ In der Schablone den Mittelpunkt des Dreiecks mit einer Nadel durchstechen.
④ Die Schablone auf das vorgesehene Sternmaterial legen, den Umriß erst markieren, dann nachschneiden oder gleich ausschneiden. Den Mittelpunkt mit einem feinen Nadelstich markieren.
⑤ In der Mitte einer Seite der Papier- bzw. Foliendreiecke einen leichten Knick falten.
⑥ Auf diesen Knick die gegenüberliegende Dreiecksspitze falten.
⑦ Das Dreieck z.T. wieder zurückfalten; die Faltlinie liegt knapp vor dem als feiner Einstich markierten Mittelpunkt des großen Dreiecks.
⑧ Nacheinander auch die anderen Dreiecksspitzen zur Mitte der gegenüberliegenden Seite und wieder zurückfalten.
⑨ Die drei Klappen jeweils mit einer Seite unter die benachbarte Klappe stecken, so daß sich ein sicherer Verschluß für die Sternform ergibt.

Bis dahin wurde die bekannte Form dieses Sterns beschrieben, der folgendermaßen variiert werden kann:

Variante 1

① Alle obenliegenden Seiten der Klappen in Richtung der dazugehörigen Sternspitze umfalten und die so entstandenen Flächen rechtwinklig aufstellen.
② Bevor die Klappen wie oben beschrieben ineinandergesteckt werden, sind die Ecken der am Mittelpunkt des Dreiecks liegenden Falte in Richtung Klappenspitze umzuschlagen. Die Klappen überlappen sich bei dieser Version nicht, bilden also keinen festen Verschluß. Sie müssen mit Klebstoff punktförmig fixiert werden.

Variante 2

Für die zweite Variante werden die gleichen Dreiecksflächen wie für die erste Variante an den Klappen umgeschlagen – hier aber nach innen. Dazu muß man jede Klappe öffnen und ihre Spitze (ohne sie zu knicken) unter den Mittelteil der

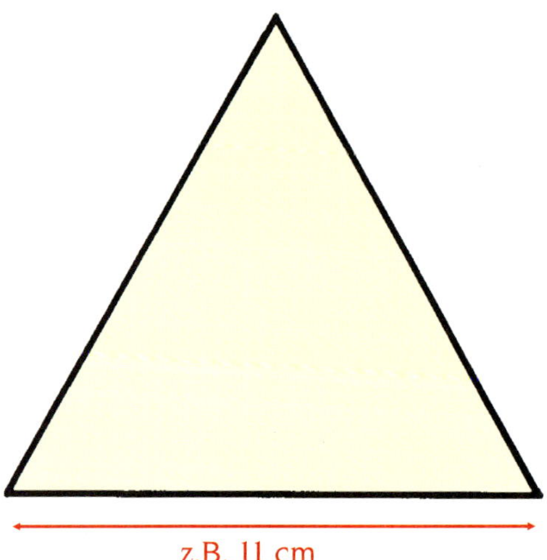

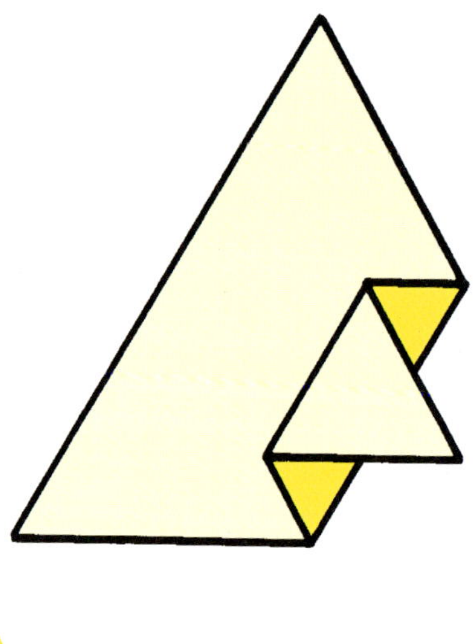

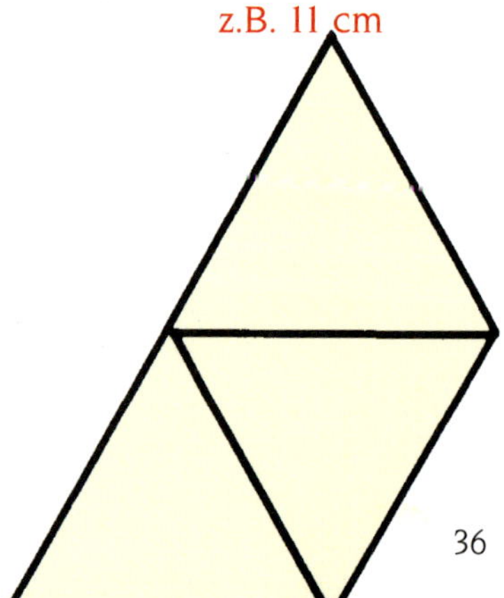

Form schlagen. Nun werden die seitlichen Flächen nach oben umgeschlagen und die Klappe wieder geschlossen. Auch hier sollte punktförmig Klebstoff aufgetragen werden, um die Sternform geschlossen zu halten.

Tip

Diese Sternform eignet sich nicht nur als Baumschmuck. Man kann die Ausgangsform, das Dreieck, auch wesentlich größer machen, z.B. mit einer Kantenlänge von 20 cm. So entsteht ein Faltbriefchen, in dessen Innenseite der Weihnachtsgruß geschrieben werden kann.

Wenn eine Schablone zum Ausschneiden der Dreiecke verwendet wird, ist selbst eine größere Zahl dieser Sterne – auch in den beschriebenen und fotografierten Varianten – schnell gefertigt.

Plastischer Zwölfstrahler

Material

- ★ Festerer Karton für eine Schablone
- ★ farbiges Zeichen- oder Tonpapier oder Glanzfolie
- ★ Klebstoff
- ★ Faden als Aufhänger

Werkzeug

- ★ Lineal
- ★ Bleistift
- ★ Zirkel
- ★ Schere
- ★ Bastelmesser
- ★ schnittfeste Unterlage
- ★ dicke Nähnadel oder Stechahle

Die Ausgangsform für diesen Stern ist ein Quadrat mit angesetzten gleichschenkligen Dreiecken. Die äußeren Dreiecksflächen werden miteinander verklebt, so daß eine dreidimensionale Form entsteht.

So wird der Stern gefertigt

Damit der Zuschnitt der Einzelteile nicht für jedes Teil neu gezeichnet werden muß und außerdem das Papier, aus dem die Sterne entstehen sollen, besser genutzt wird, sollte zunächst eine Schablone gefertigt werden. Mit einer Nadel oder Stechahle werden dann die Spitzen und Innenecken auf das eigentliche Sternmaterial übertragen.

① Auf dickeren Karton ein Quadrat mit der Kantenlänge 3 cm zeichnen.

② Über den Quadratseiten gleichschenklige Dreiecke zeichnen: Von den Ecken aus mit dem Zirkel Bögen mit dem Radius 4 cm schlagen und die Schnittpunkte mit den Ecken verbinden.

③ Die so entstandene vierzackige Sternform mit dem Bastelmesser, das an einem Lineal entlanggeführt wird, ausschneiden.

④ Die Schablone dann auf das eigentliche Sternmaterial legen, Spitzen und Innenecken mit feinen Nadelstichen auf dem Material markieren.

⑤ Die Kanten des Quadrats mit dem Scherenrükken falzen und die Form ausschneiden.

⑥ Unter bestmöglicher Nutzung der Papierfläche und mit möglichst geringem Verschnitt weitere Teile aus dem Bastelpapier ausschneiden. Für jeden Stern werden sechs solcher Teile benötigt.

⑦ Die vorgefalzten Linien falten.

⑧ Die sechs Teile nach und nach zusammenfügen, indem die Dreiecksflächen Rücken an Rücken genau deckend miteinander verklebt werden.

⑨ Vor dem Verkleben der beiden letzten Flächen

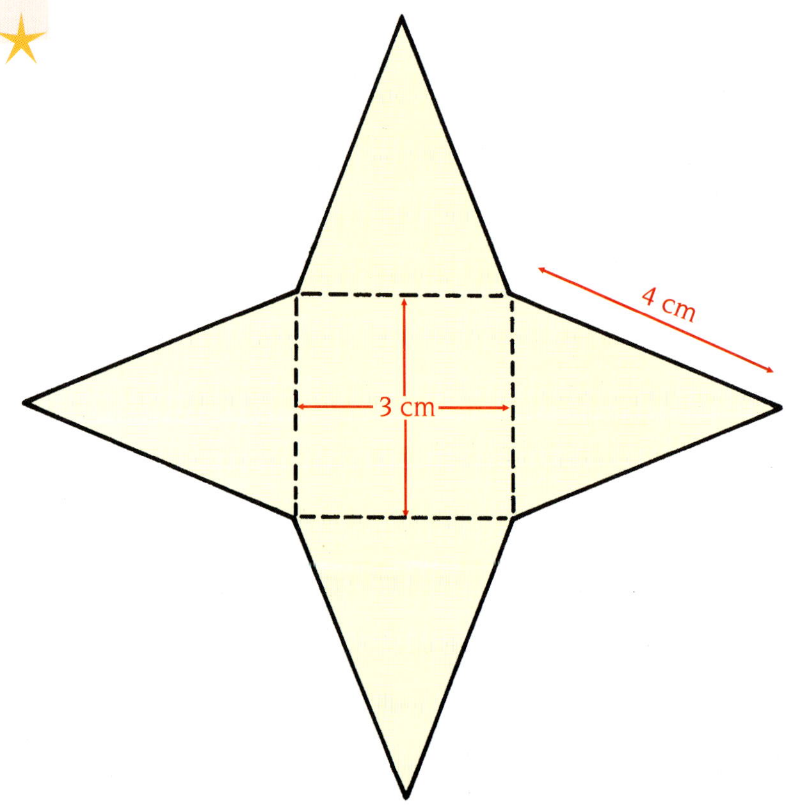

gleich einen Faden als Aufhänger miteinkleben. Der Aufhänger kann aber auch erst nachträglich an einer Spitze befestigt werden.
⑩ Noch ehe der Klebstoff abbindet, die verklebten Flächen so ausrichten, daß sie in gleichmäßigen Winkeln vom Sternzentrum abstehen.
⑪ Sollten sich die Dreiecksflächen nicht genau decken, die Kanten mit der Schere nachschneiden – aber erst dann, wenn der Klebstoff abgebunden hat und die Flächen sich nicht mehr verschieben können.

Der Stern kann natürlich variiert werden.
Man kann die Quadrate auch mit längeren Seiten zeichnen oder die Dreiecke höher und schlanker anlegen. Bei den oben angegebenen Maßen entstehen Sterne mit einem Durchmesser von etwa 12 cm, die sich noch gut als Baumschmuck eignen. Je größer man die Sterne macht, desto steifer muß das verwendete Material sein.

Eine weitere attraktive Variante:
Als Ausgangsform zeichnet man Dreiecke und faltet die Spitzen so ein, wie bei dem auf der vorigen Doppelseite gezeigten Stern in Faltschritt 6 beschrieben. Die sich so abzeichnenden Dreiecksflächen werden zusammengeklebt.

Nach dem Zusammenkleben sind die dreieckigen Spitzen so auszurichten, daß sie nach allen Seiten gleichmäßig abstehen und eine harmonische Sternform entsteht.

Weihnachtskarte mit Klappstern

Material

- ★ Tonpapier

Werkzeug

- ★ Lineal
- ★ Bleistift
- ★ Zirkel
- ★ Bastelmesser
- ★ schnittfeste Unterlage
- ★ Radiergummi

An Weihnachtskarten herrscht in Schreibwarenläden und Geschenkboutiquen zwar kein Mangel, aber gerade deshalb wird bei vielen der Wunsch aufkommen, Verwandte und Freunde mit einer selbstgefertigten und individuell gestalteten Karte zu bedenken. Da kann man z.B. auf eine einfarbige, aus Tonpapier geschnittene und gefaltete Karte den einen oder anderen Stern aus diesem Buch applizieren, oder aber – mit relativ wenig Aufwand – die hier vorgeschlagene Karte basteln.

So entsteht die Karte

Zwei Kartenformate sind auf dem Foto zu sehen. Beim Hochformat überragt der Stern die obere Kartenkante; beim Querformat klappt der Stern innerhalb der Kartenfläche auf.

Hochformatkarte

① Für das Hochformat (die Karte paßt in einen Langformat-Umschlag) aus Tonpapier ein 21 x 25 cm großes Blatt schneiden.
② Das Tonpapier in der Mitte falten und wieder öffnen.
③ An der Rückseite des Papiers in 20 cm Abstand zur Unterkante eine feine waagrechte Linie ziehen.
④ Um den Schnittpunkt von Mittelfalte und Bleistiftlinie einen Kreis mit 5 cm Radius zeichnen.

Querformatkarte

① Für das Querformat ein 29,7 x 10,5 cm großes Blatt zuschneiden.
② Das Tonpapier in der Mitte falten und wieder öffnen.
③ Auf der Rückseite des Papiers in 7 cm Abstand zur Unterkante eine feine waagrechte Linie ziehen.
④ Um den Schnittpunkt von Mittelfalte und Bleistiftlinie einen Kreis mit 3,5 cm Radius zeichnen.

Der weitere Arbeitsablauf ist für beide Kartenformate gleich:
⑤ Den Radius sechsmal auf dem Kreis abtragen, und zwar beginnend bei einem Schnittpunkt des Kreises mit der waagrechten Linie.
⑥ Jeden Schnittpunkt mit dem übernächsten durch feine Bleistiftlinien verbinden, so daß die Form eines sechseckigen Sterns entsteht (siehe Zeichnung).
⑦ Die in der Zeichnung dick gezeichneten Linien mit dem Bastelmesser ausschneiden.
⑧ Die Karte in der Mittelfalte behutsam wieder zusammenfalten, dabei die Mittelfalte des Sterns nach vorne falten und die gestrichelten Linien der Zeichnung ebenfalls falten.
⑨ Die Bleistiftlinien auf der Rückseite vorsichtig ausradieren.
⑩ Die Karte vorsichtig schließen und alle Falten noch einmal scharf nachziehen.
Die Karte ist fertig und kann nun mit einem Gold- oder Silberstift, mit Tinte, Tusche oder farbigem Filzstift beschrieben werden.

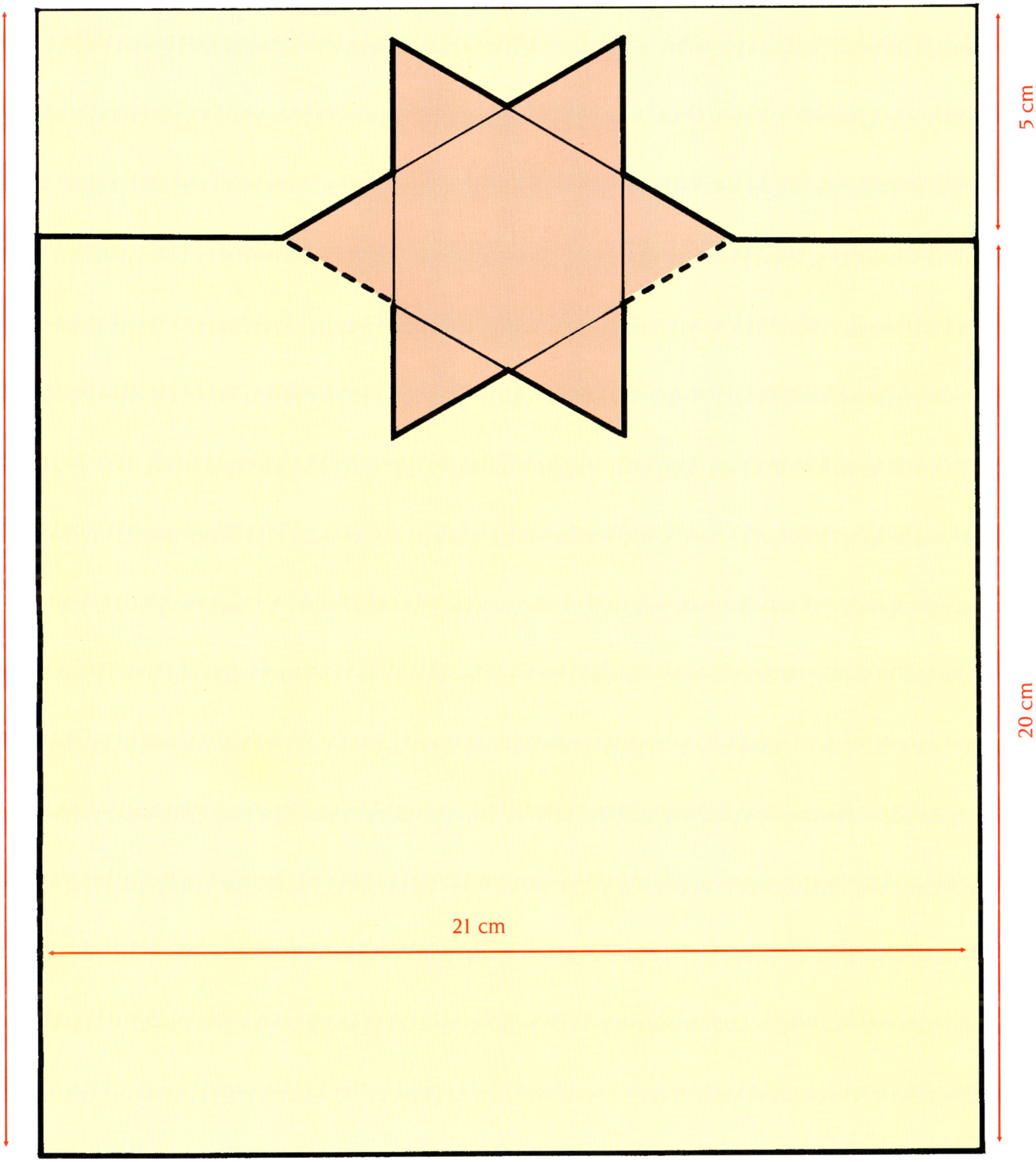
5 cm
20 cm
21 cm

Gesteckte Sterne

Material

- Karton für Schablone
- farbiger Bastel- oder Fotokarton
- dünner Faden als Aufhänger
- Alleskleber

Werkzeug

- Lineal
- Bleistift
- Radiergummi
- Bastelmesser
- schnittfeste Unterlage
- Nadel oder Stechahle

Eine scheinbar komplizierte – in Wirklichkeit aber recht einfach herzustellende – Sternform ist hier zu sehen. Der Stern kann an den Weihnachtsbaum oder ans Fenster gehängt, aber auch in den Adventskranz gesteckt werden. Je nach Verwendung wird man ihn größer oder kleiner fertigen.

Zwölf Spitzen weisen in alle Richtungen. Sie gehören zu drei Kartonflächen, die ineinandergesteckt werden, so daß ein plastisches Gebilde entsteht.

Auch hier kann man sich die Herstellung einer größeren Zahl von Sternen vereinfachen (für die jeweils drei gleiche Teile benötigt werden), wenn man erst eine Schablone aus Karton anfertigt und mit ihrer Hilfe die Formen im vorgesehenen Material markiert.

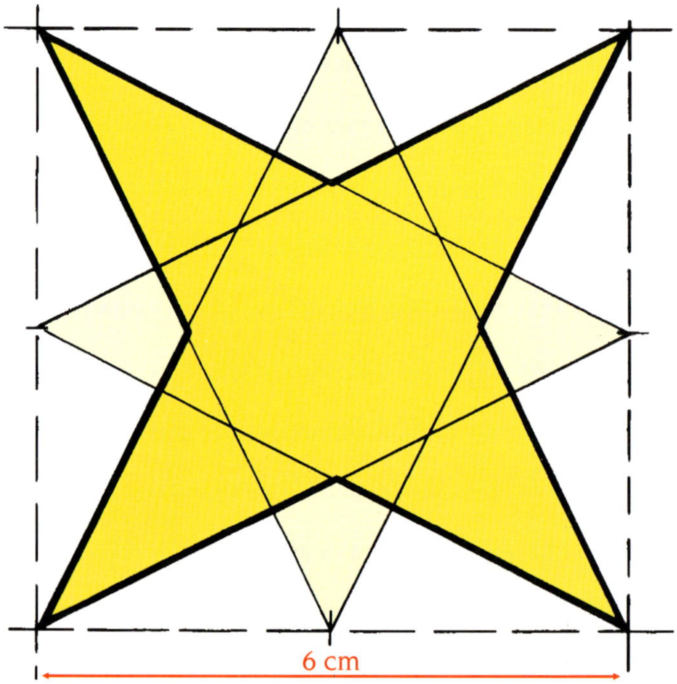

So wird der Stern gefertigt

① Auf den Schablonenkarton ein Quadrat zeichnen (für einen Baumstern z.B. mit der Kantenlänge 6 cm).
② An allen Seiten die Mitte anzeichnen.
③ Von jedem dieser Punkte zu den beiden gegenüberliegenden Quadratecken feine Linien ziehen.
④ Die entstandene Sternform aus dem Karton präzise ausschneiden.
⑤ Die Schablone auf eine, zwei oder drei Lagen des vorgesehenen Materials legen, die Spitzen und Innenecken mit Nadelstichen markieren.
⑥ Die Sternform ausschneiden.
⑦ Zwei Sternformen deckungsgleich aufeinander legen und von einer Innenecke zum Mittelpunkt Schlitze schneiden. Die Schlitze müssen so breit sein, wie der Karton dick ist. Dafür ziehen Sie das Messer zweimal dicht nebeneinander durch den Karton (Zeichnung 1).
⑧ Bei einer dieser beiden Sternformen rechtwinklig zum Schlitz von beiden Seiten her zwei Schlitze schneiden, die aber nur über die halbe Distanz zwischen Innenecke und Zentrum der Sternform reichen (Zeichnung 2).
⑨ Über die beiden langen Schlitze der beiden ersten Sternformen hauchdünn Klebstoff auftragen und die beiden Teile ineinanderstecken. So ausrichten, daß die beiden Flächen recht-

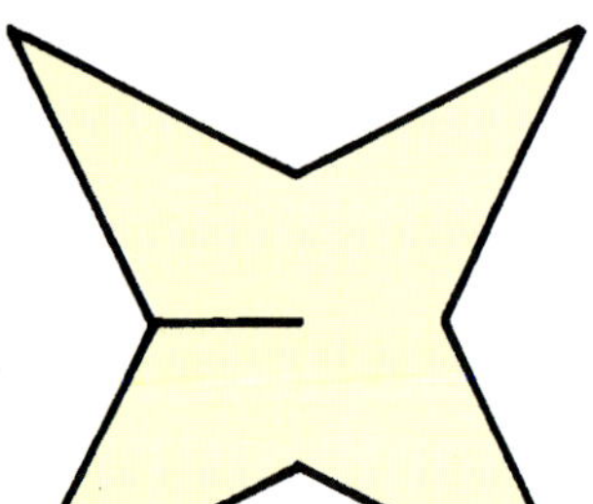
1

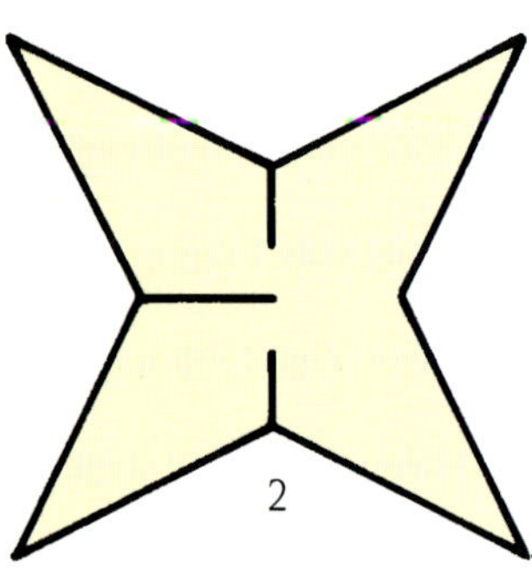
2

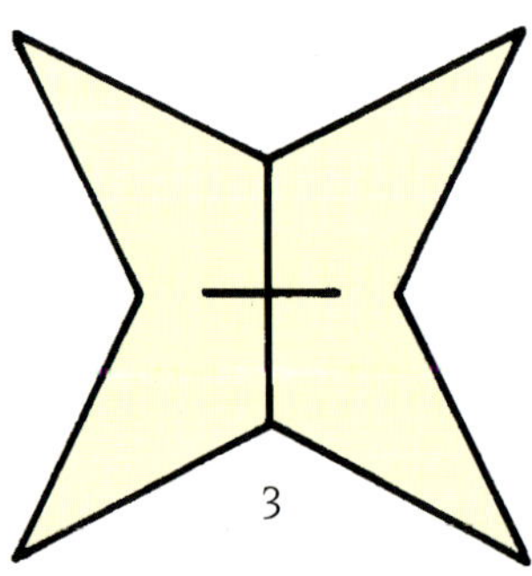
3

winklig zueinander stehen.
⑩ In die dritte Sternform mit einem Doppelschnitt einen Schlitz schneiden, der durch das Zentrum verläuft und halb so lang wie der Abstand zwischen den Innenecken ist.
⑪ Rechtwinklig zu diesem Schlitz diese Sternform teilen (Zeichnung 3).
⑫ Die eben entstandenen Schnittkanten der beiden Teile leicht mit Klebstoff bestreichen und die Teile in die Schlitze der vorher gefertigten Teilform stecken. Ebenfalls ausrichten.
⑬ An einer Spitze ein feines Loch stechen und einen Nähfaden als Aufhänger befestigen.

Steckstern mit 20 Spitzen

Material

- ★ Karton für Schablone
- ★ steifer Bastel- oder Fotokarton
- ★ Alleskleber
- ★ Nähfaden

Werkzeug

- ★ Zirkel
- ★ Lineal
- ★ Bleistift
- ★ Bastelmesser
- ★ schnittfeste Unterlage
- ★ Nadel oder Stechahle

Hier ist die Weiterentwicklung des Stecksterns von Seite 42 zu sehen. Die Grundform ist nicht ein vierzackiger, sondern ein sechszackiger Stern, und es werden nicht drei, sondern vier gleiche Teile ineinandergesteckt. Das macht ein bißchen mehr Arbeit, sieht aber auch raffinierter aus. Damit das Basteln der Sterne leichter und schneller vonstatten geht, empfiehlt sich auch hier die Verwendung einer Schablone, mit deren Hilfe dann die richtigen Sternteile angefertigt werden.

So wird der Stern gefertigt

① Auf den Schablonenkarton einen Kreis mit dem Radius 4 cm zeichnen; auf dem Kreis sechsmal den Radius abtragen.
② Jeden Kreispunkt mit dem übernächsten durch eine feine Linie verbinden: So entsteht die Grundform eines sechsstrahligen Sterns.
③ Den Stern ausschneiden.
④ Die Schablone auf das Bastelmaterial legen, die Spitzen und Innenecken durch Nadelstiche markieren und den Stern ausschneiden.
⑤ Weitere Sternformen ausschneiden. Jeweils vier werden für einen kompletten Steckstern benötigt.
⑥ Zwei Sternformen aufeinanderlegen und in beide Lagen von einer Innenecke zum Zentrum durch zwei parallele Schnitte einen schmalen Schlitz schneiden (1).
⑦ Die beiden Sternformen trennen. In eine Form rechtwinklig zum eben geschnittenen Schlitz von den Spitzen in Richtung Mittelpunkt Schlitze schneiden (siehe Zeichnung 1).
⑧ Bei der zweiten Grundform schräg zum ersten Schlitz zwischen zwei Innenecken Schlitze (2) schneiden (siehe Zeichnung 1).
⑨ In die dritte Grundform zwischen zwei Spitzen einen Schlitz schneiden (siehe Zeichnung 2), die Form dann rechtwinklig zum Schlitz in zwei Teile schneiden (3).
⑩ Bei der vierten Grundform einen Schlitz zwischen zwei Innenecken schneiden (siehe Zeichnung 2), die Form dann rechtwinklig zum Schlitz teilen (4).
⑪ Die beiden ersten Formteile ineinander stecken.
⑫ An die Mittellinien der Hälften der dritten Grundform ganz wenig Klebstoff streichen, die Teile in die geschlitzten Spitzen der Form 1 stecken und über den Innenecken der Form 2 ausrichten.
⑬ Schließlich an den Mittellinien der vierten Formhälften Klebstoff auftragen und diese Teile in die noch offenen Inneneckenschlitze stecken.
⑭ Die Sternform ausrichten und evtl. mit etwas Klebstoff punktförmig fixieren.
⑮ An einer Spitze einen Nähfaden als Aufhänger befestigen.

r = 4 cm

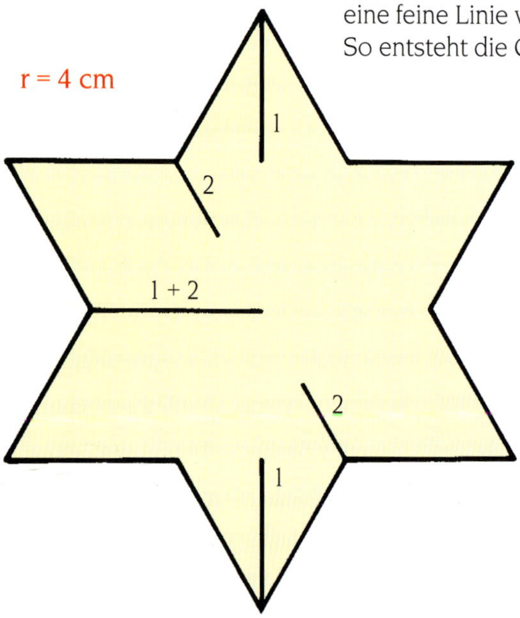

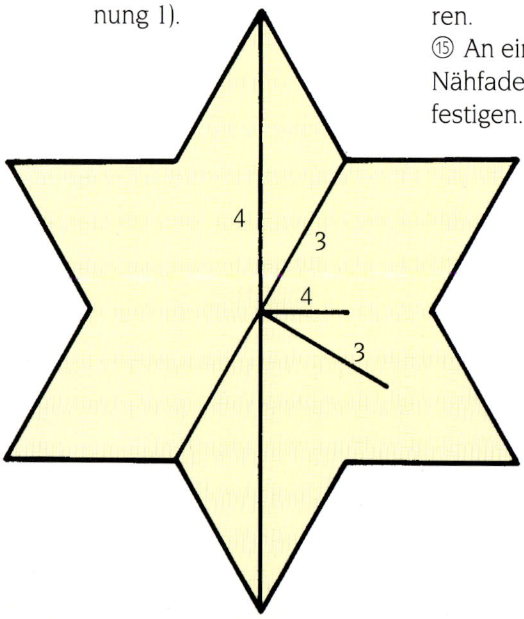

Der Herrnhuter Stern

Die Herrnhuter Brüdergemeine, eine nahe Zittau seit dem 18. Jahrhundert niedergelassene Glaubensgemeinschaft, ist nicht nur mit vielen wunderschönen Kleisterpapieren dem Kunsthandwerker ein Begriff, sondern auch mit dem hier abgebildeten Typ eines vielzackigen Sterns. Er gehört sicher zu den prächtigsten, aber auch schwierigsten aller Arbeiten. Doch der Aufwand lohnt sich, denn das Ergebnis ist ein Stern, der an jedem Platz ein großartiger Blickfang ist.

So wird der Stern gefertigt

① Auf das Material für den Sternkörper – also auf steifem Zeichen- oder Tonpapier – die Umrisse für die insgesamt 26 Quadrate und Dreiecke mit Kantenlängen von jeweils 7,5 cm gemäß dem Schnittmuster zeichnen.
② In die quadratischen und dreieckigen Felder 8 mm breite Randstege bzw. die Ausschnitte zeichnen, in die später die Sternzacken eingesetzt werden.
③ An allen Dreiecken sowie an drei Quadraten 8 mm breite Klebelaschen zeichnen, wie in der Zeichnung angegeben.
④ Mit dem Rücken einer Scherenklinge (die an einem Lineal entlanggeführt wird) die im Schnittmuster gestrichelt gezeichneten Linien vorfalzen.
⑤ Auf einer schnittfesten Unterlage mit dem Bastelmesser (das an einem Lineal entlanggeführt wird) die Innenflächen ausschneiden.
⑥ Danach den Umriß ausschneiden.
⑦ Die gefalzten Linien falten und wieder öffnen. Den Sternkörper dann beiseitelegen.
⑧ Auf dem für die Stern-

Material

- Festes weißes Transparentpapier oder dünnes Zeichenpapier für die Zacken
- dickeres Zeichen- oder Tonpapier für den Sternkörper
- Klebstoff
- zwei Schaschlik-Spießchen
- Faden als Aufhänger

Werkzeug

- Lineal
- Bleistift
- Zirkel
- Schere
- Bastelmesser
- schnittfeste Unterlage

zacken vorgesehenen Material einen Kreis mit 20 cm Durchmesser zeichnen und auf dem Umfang mit dem Zirkel 6 cm lange Abschnitte antragen.
⑨ Zwischen dem Kreismittelpunkt und den Zirkelstichen auf dem Kreis Linien falzen.
⑩ Ebenso die Zirkelstiche auf dem Kreis durch Falzlinien miteinander verbinden.
⑪ Unter Zugabe von 8 mm breiten Klebelaschen an einer Seitenkante und an den Basiskanten vier Sektoren umfassende Flächen aus dem Kreis ausschneiden.
⑫ In gleicher Weise verfahren, bis insgesamt 18 solcher Teile ausgeschnitten sind.
⑬ Die Teile falten und zu den vierseitigen Sternzacken zusammenkleben.
⑭ Bei einem Sternzacken vor dem Zusammenkleben in die Spitze eine Verstärkung (d.h. eine etwa 3 cm lange zweite Zackenspitze) einkleben und einen längeren Faden einlegen, der jedoch nicht festgeklebt wird.
⑮ Danach die insgesamt acht dreiseitigen Sternzacken in gleicher Weise aufzeichnen, ausschneiden und zusammenkleben. Die Kreise werden mit dem Radius 17 cm gezeichnet; die Abschnitte auf den Kreisen bzw. die Basiskanten der Zacken sind 4,5 cm lang.
⑯ Die Oberseiten der Klebelaschen an den Sternzacken mit Klebstoff bestreichen, die Sternzacken in die Ausschnitte des Sternkörpers einsetzen und festkleben.
⑰ Unter dem mit einem Aufhängefaden versehenen Sternzacken diagonal über dem Ausschnitt des Sternkörpers zwei je 10,5 cm lange Schaschlik-Spießchen kleben.
⑱ Das Ende des Aufhängefadens am Kreuzungspunkt der beiden Hölzchen sicher verknoten.
⑲ Nach und nach nun den Sternkörper zusammenkleben, dabei mit dem breiten Ende des Schnittmusters beginnen. Jede neue Klebelasche erst dann mit Klebstoff bestreichen, wenn die vorher geklebte Naht fest und sicher geschlossen ist, deren Klebstoff also abgebunden hat.
⑳ Zum Verkleben der letzten Teile den Stern am Faden aufhängen, damit die Zacken nicht belastet und dadurch beschädigt werden.

Der Stern mit den beschriebenen Abmessungen für Breite und Länge der Zacken hat einen Durchmesser von 60 cm. Man kann ihn natürlich auch kleiner – oder größer – machen.

Das Konstruieren und Falten der Sternzacken verlangt Genauigkeit, sonst passen die Zacken nicht in die Ausschnitte des Sternkörpers. Auch die Spitzen der Zacken müssen sauber ausgeformt sein.

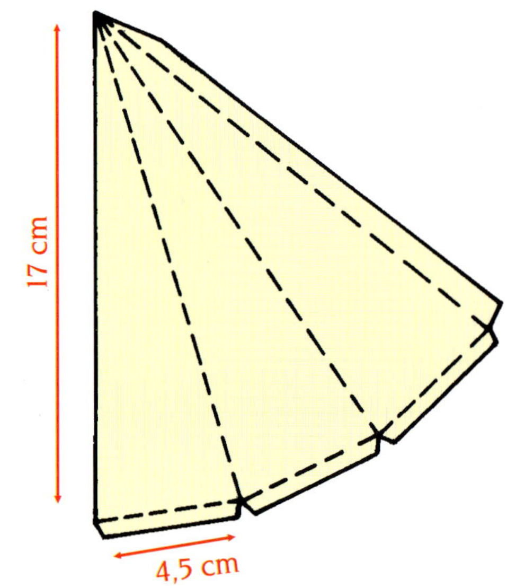

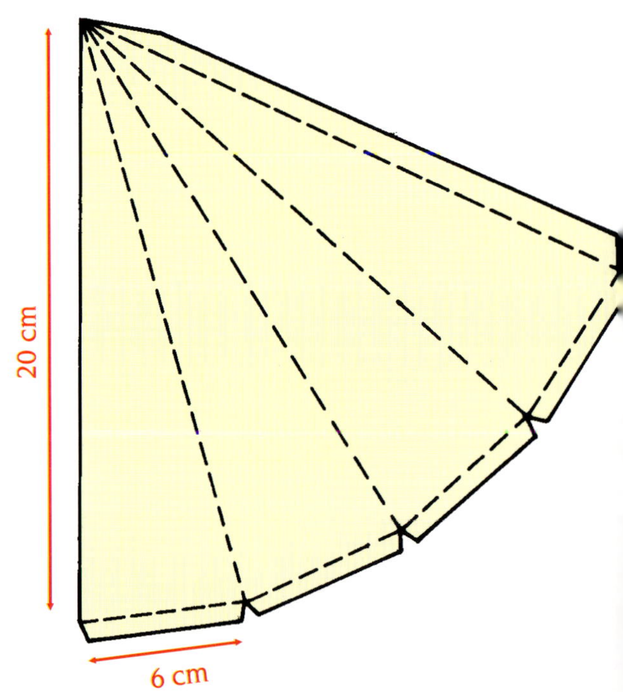

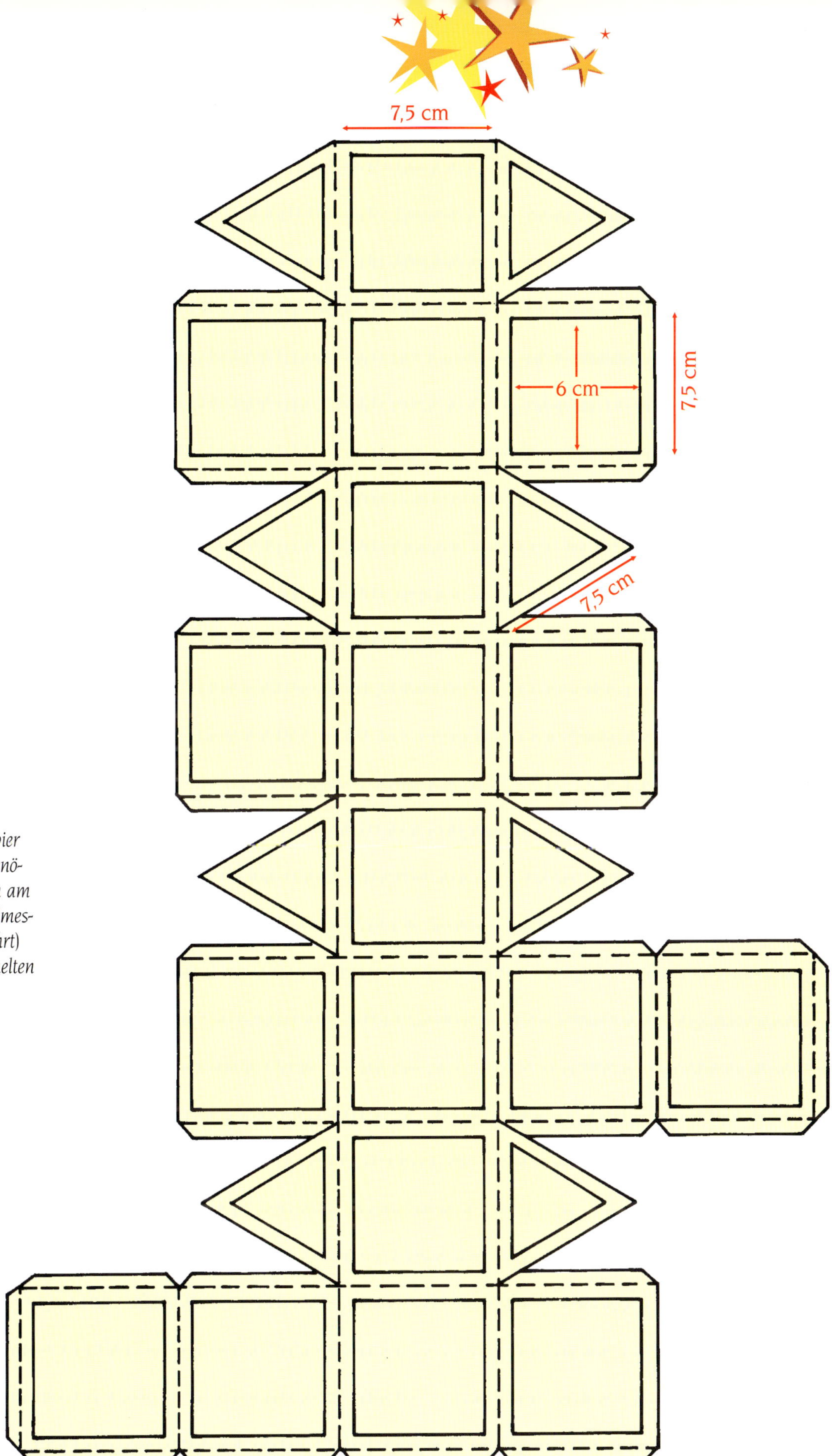

Ein gut 61 x 40 cm großes Stück Ton- oder Zeichenpapier wird für den Sternkörper benötigt. Die Ausschnitte werden am exaktesten mit einem Bastelmesser (am Lineal entlanggeführt) ausgeschnitten. Alle gestrichelten Linien sind gut vorzufalzen.

Kleiner "Herrnhuter Stern"

Material

- ★ Festes Transparentpapier oder weißes Zeichenpapier für die Zacken
- ★ farbiges Tonpapier oder Fotokarton für den Sternkörper
- ★ Klebstoff
- ★ Faden als Aufhänger

Werkzeug

- ★ Lineal
- ★ Bleistift
- ★ Zirkel
- ★ Schere
- ★ Bastelmesser
- ★ schnittfeste Unterlage

Diese Sternform ist nicht direkt auf den Herrnhuter Stern zurückzuführen, der auf den vorhergehenden Seiten beschrieben ist. Doch weist sie so viele Ähnlichkeiten in Form und Konstruktion auf, daß die Namensanleihe erlaubt sein mag, um den Stern zu charakterisieren.

Er besteht, wie der echte Herrnhuter Stern, aus einem Sternkörper und den daran geklebten Zacken. Hier sind es aber insgesamt nur acht dreiseitige Zacken und ein entsprechend kleinerer und einfacherer Sternkörper.

So wird der Stern gefertigt

① Auf dem für den Sternkörper vorgesehenen Material das Schnittmuster entsprechend der Zeichnung konstruieren. Die Kantenlänge der Dreiecke kann z.B. 10 cm betragen. Das ergibt dann bei 15 cm langen Zacken einen Stern mit einem Durchmesser von etwa 37 cm.
② In den Dreiecken 8 mm breite Stege bzw. Ausschnitte mit 7 cm Kantenlänge anzeichnen.
③ An den im Schnittmuster angegebenen Stellen 8 mm breite Klebelaschen anzeichnen.
④ Die gestrichelt gezeichneten Linien zwischen den Dreiecken und den Klebelaschen mit einem Scherenrücken falzen.
⑤ Die Ausschnitte mit dem an einem Lineal entlanggeführten Bastelmesser ausschneiden.
⑥ Den Umriß des Sternkörpers ausschneiden.
⑦ Die gefalzten Linien vorfalten, dann den Sternkörper beiseite legen.
⑧ Auf dem für die Sternzacken vorgesehenen Material Kreise mit 15 cm Durchmesser zeichnen.
⑨ Auf den Kreisen 7 cm lange Abschnitte abtragen.
⑩ Die Linien zwischen den Kreismittelpunkten und Zirkelstichen auf dem Kreis sowie die Linien zwischen den Zirkelstichen mit dem Scherenrücken vorfalzen.
⑪ Jeweils drei Sektoren plus eine seitliche Klebelasche sowie Klebelaschen an den Grundkanten der Zackenzuschnitte als Bauteil für eine Zacke ausschneiden.
⑫ Die gefalzten Linien nachfalten, die seitliche Klebelasche mit Klebstoff bestreichen und die Sternzacken zusammenkleben.
⑬ In die Spitze einer Zacke vor dem Zusammenkleben eine Verstärkung sowie einen Faden kleben, der mit einem dicken Knoten versehen ist.
⑭ Die fertigen Zacken nach und nach in den Sternkörper kleben.
⑮ Nach dem Einkleben der Zacken den Sternkörper zu-

sammenkleben. Damit die letzten Zackennähte ohne Beschädigung der Zacken geschlossen werden können, den Stern am Faden aufhängen und fertigstellen.

Die angegebenen Maße für Länge und Basiskanten der Sternzacken können natürlich verändert werden. Man kann den Sternkörper kleiner oder größer machen, die Zacken – ohne die Maße des Sternkörpers zu verändern – länger und schlanker bzw. kürzer und stumpfer. Ebenso ist es möglich, den gesamten Stern aus gleichfarbigem Material anzufertigen. Allerdings sollten die Zacken aus nicht zu dickem Material bestehen, weil sich sonst die Spitzen der Zacken nicht präzise genug formen lassen.

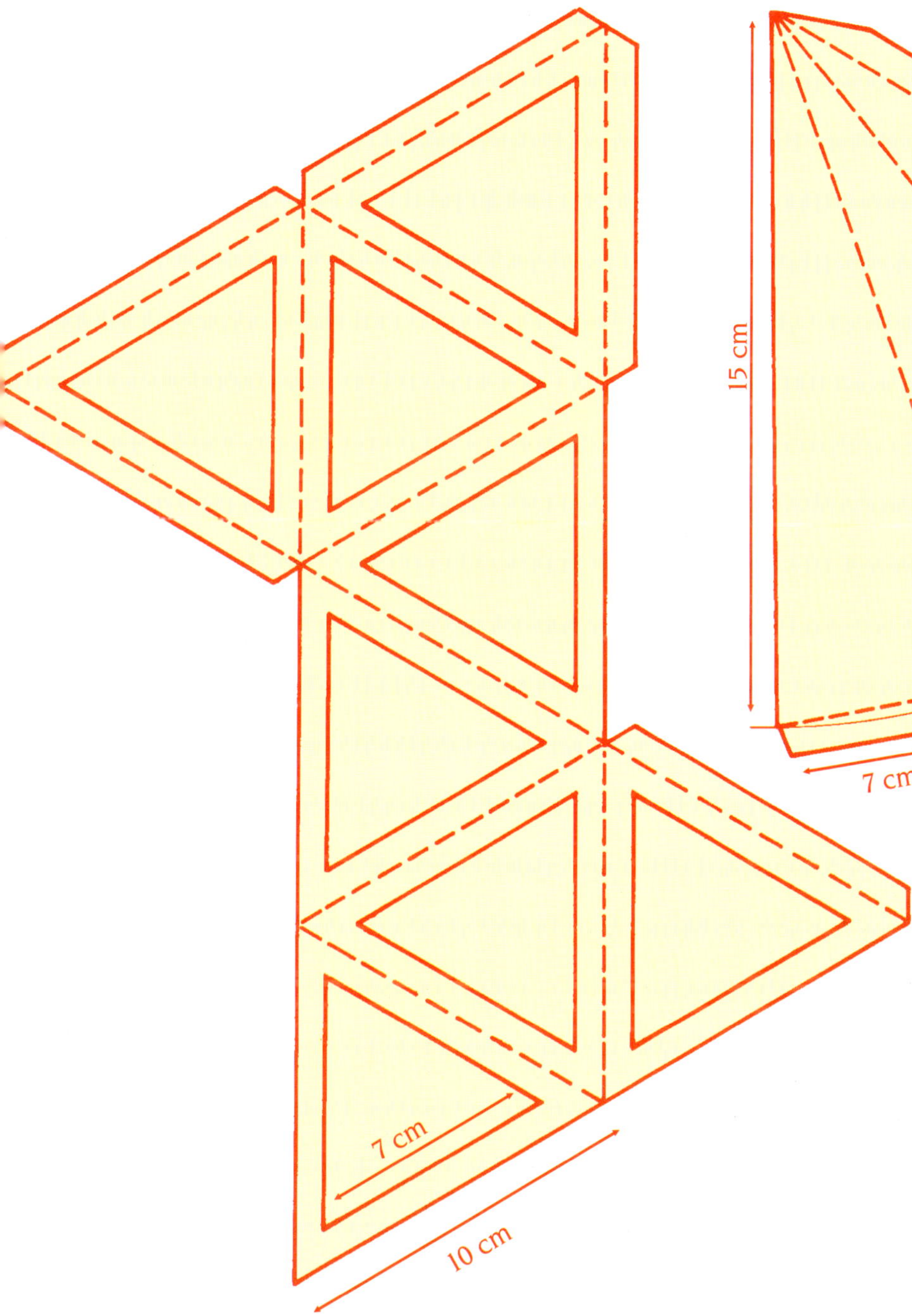

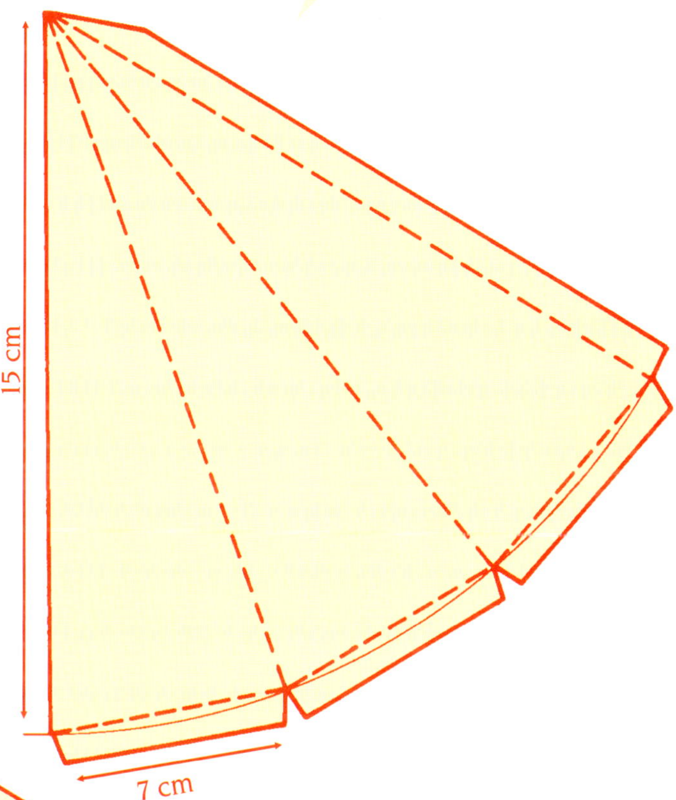

Der Sternkörper und die Zacken sind, wie schon beim großen Herrnhuter Stern, mit einem Bastelmesser auszuschneiden: Nur so fallen alle Schnitte absolut geradlinig aus. Alle Faltkanten sind mit dem Scherenrücken vorzufalzen.

Zwanzigzackenstern

Material

- ★ Karton für Schablone
- ★ weißes oder farbiges Schreibpapier
- ★ Klebstoff
- ★ Faden als Aufhänger

Werkzeug

- ★ Lineal
- ★ Bastelmesser
- ★ Schere
- ★ schnittfeste Unterlage
- ★ größere Nähnadel oder Stechahle
- ★ (Fotokopierer)

Schon in der Vorweihnachtszeit wird manche Wohnung mit Sternen geschmückt: manchmal mit Faltsternen am Fenster, oder auch mit größeren Gebilden, die an markanter Stelle an der Zimmerdecke aufgehängt werden.
Die hier vorgestellte Form eignet sich vor allem als Raumschmuck, aber auch als Spitze eines großen Weihnachtsbaumes.
Um sich die Anfertigung der insgesamt fünf gleich großen Teile zu vereinfachen, sollte man aus festerem Karton eine Schablone anfertigen, deren Spitzen und Innenecken mit einer Nadel auf das vorgesehene Sternmaterial übertragen werden. Diese Schablone braucht man nicht zu konstruieren. Man kopiert einfach das Schnittmuster und vergrößert es dabei auf das gewünschte Maß.
Der Stern ist durch die vielen Abkantungen übrigens sehr steif und formstabil, selbst wenn er aus relativ dünnem Papier gefertigt wird. Er kann auch aus normalem Schreibpapier hergestellt werden, oder aus farbigem Kopierpapier, wie es in Kopierläden sogar in Größe DIN A 3 erhältlich ist.

So wird der Stern gefertigt

① Die Vorlage kopieren und dabei auf die gewünschte Größe bringen.
② Die Kopie auf festeren Karton legen, die Spitzen und Innenecken, aber auch die Begrenzungen der Klebelaschen mit einer Nadel oder Stechahle durchstechen.
③ Mit dem Bastelmesser, das an einem Lineal entlanggeführt wird, die Form auf einer schnittfesten Unterlage aus dem Karton ausschneiden.
④ Die Schablone nun auf das eigentliche Material legen und die Spitzen,

Innenecken sowie die Begrenzungen der Klebelaschen durchstechen.
⑤ Die im Schnittmuster gestrichelt gezeichneten Linien mit dem Rücken einer Scherenklinge, die an einem Lineal entlanggeführt wird, vorfalzen.
⑥ Die Form ausschneiden. Dabei ist auch die zwischen zwei Sternspitzen liegende Linie zu durchschneiden (sie ist hier durchgezogen gezeichnet).
⑦ Die gefalzten Linien falten.
⑧ Insgesamt fünf solcher Teile für einen Stern zuschneiden und vorfalten.
⑨ Die Teile an den mit Punkten gekennzeichneten Kanten zu einem langen Strang zusammenkleben (die Klebelasche unter der Kante des benachbarten Teils).
⑩ Nun nach und nach die Zacken schließen. Dabei behutsam vorgehen. Jede Klebenaht sollte eine feste Verbindung bilden, ehe man die nächste Sternspitze faltet und zusammenklebt. Mit dem Zusammenkleben der Spitzen schließt sich auch die Form, dabei können jedoch frische Verklebungen leicht verrutschen oder aufplatzen.
⑪ Bevor die letzte Sternzacke geschlossen wird, in deren Spitze eine Verstärkung und einen Faden mit einem dicken Knoten kleben.

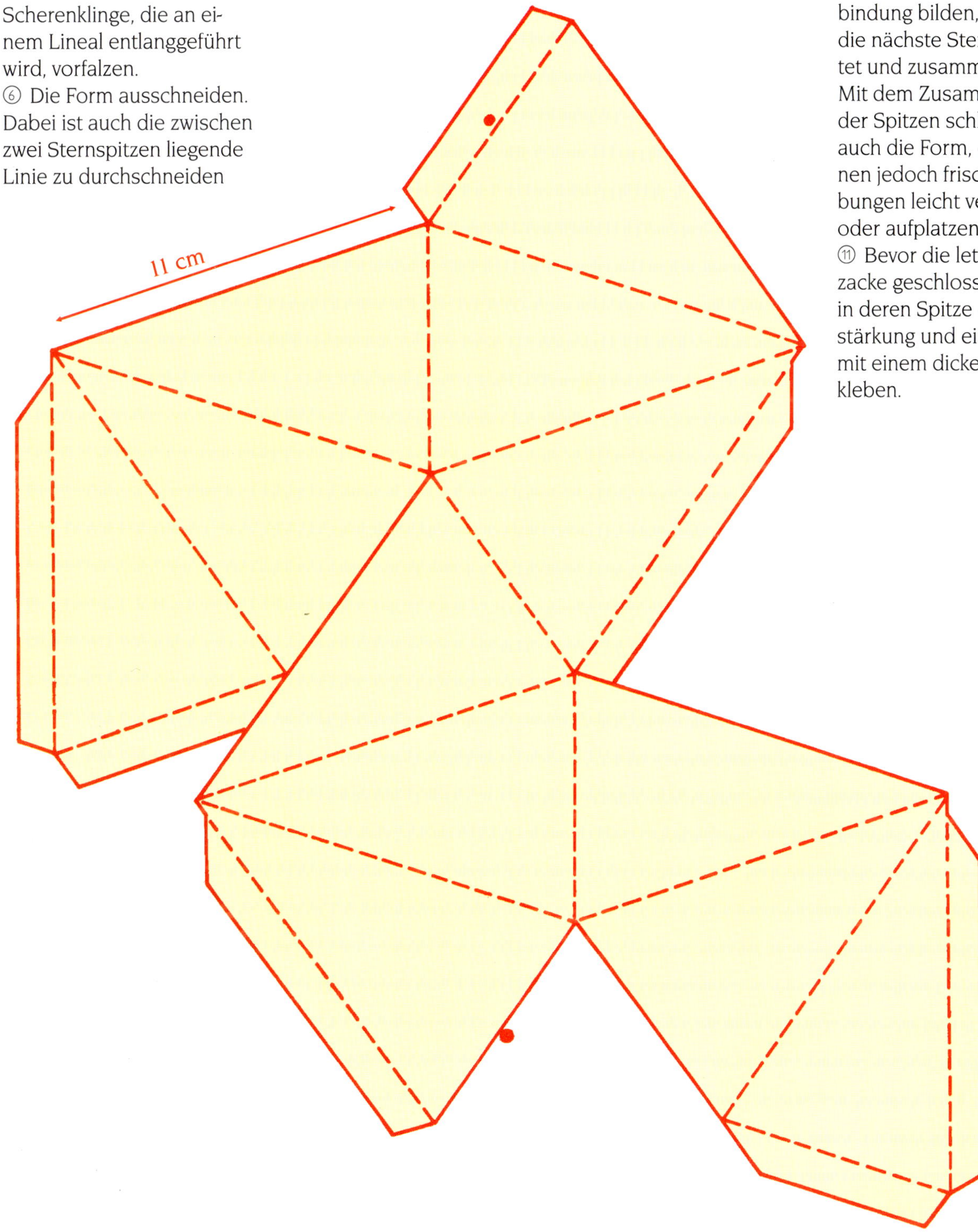

Stern aus fünf Einzelzacken

Material

- Karton für Schablone
- weißes oder farbiges Zeichenpapier
- Glanzfolie
- Klebstoff
- Faden als Aufhänger

Werkzeug

- Lineal
- Nadel oder Stechahle
- Schere
- Bastelmesser
- schnittfeste Unterlage
- (Fotokopierer)

Ein prachtvoller Stern für die Spitze des Weihnachtsbaumes oder – zu mehreren nebeneinander aufgehängt – als Blickfang am Fenster. Die Form ist an sich nicht ungewöhnlich, nur die Konstruktion unterscheidet das Modell von ähnlichen Sternen in diesem Buch. Denn hier wird jede Zacke für sich gefertigt und erst zum Schluß die fünf Teile zum kompletten Stern zusammengeklebt (deshalb heißt auch die Überschrift "Stern **aus** fünf Einzelzacken" und nicht "Stern **mit** fünf Einzelzakken").

Da Ungenauigkeiten bei der Konstruktion des Schnittmusters dazu führen können, daß die fünf Zacken sich nicht präzise zusammenfügen lassen, wird hier darauf verzichtet, die zeichnerische Entwicklung des Schnittmusters darzustellen. Stattdessen empfehle ich, die Abbildung zu kopieren und sie dabei gleich auf die richtige Größe zu bringen. Mit Hilfe der Kopie wird erst eine Kartonschablone zugeschnitten, die dann auch die Serienfertigung vereinfacht, denn für einen Stern werden ja fünf gleich große Teile benötigt.

So wird der Stern gefertigt

① Die Zeichnung (Seite 57 unten) kopieren und auf das angegebene Maß vergrößern.
② Die Kopie auf einen festen Karton legen, die Spitzen und Innenecken sowie die Begrenzungen der Klebelaschen durchstechen.
③ Den Umriß mit einem Bastelmesser, das an einem Lineal entlanggeführt wird, aus dem Karton präzise ausschneiden.
④ Die so entstandene Schablone auf das eigentliche Sternmaterial legen, die Spitzen, Innenecken und Begrenzungen der Klebelaschen mit Nadel oder Stechahle markieren.
⑤ Den Umriß ausschneiden.
⑥ Die in der Zeichnung gestrichelt dargestellten Linien im Umriß mit dem Rükken einer Scherenklinge vorfalzen.

⑦ Die Linien falten.
⑧ Die Form zunächst an der Längsseite der Zacke zusammenkleben, dann die Zacke an der stumpfen Innenseite schließen. Dabei sehr exakt kleben, sonst passen die fünf Zacken nicht genau zusammen!
⑨ In gleicher Weise vier weitere Teile ausschneiden und zusammenkleben.
⑩ Bei einer Zacke in die Spitze einen Faden als Aufhänger einkleben.
⑪ Die fünf Zacken dann zum kompletten Stern zusammensetzen. Darauf achten, daß wenigstens auf einer Seite die Klebenähte sehr dicht schließen. Ungenauigkeiten auf der Rückseite des Sterns können später durch erneute Zugabe von etwas Klebstoff in klaffende Fugen zwischen den Zacken korrigiert werden.

Variante: Stern aus sechs Zacken

Wie viele andere Sterne in diesem Buch, läßt sich auch die hier vorgestellte Form variieren, d.h. als Sechszakkenstern konzipieren. Die Vorgehensweise ist die gleiche: Mit einem Fotokopierer vergrößert man die Vorlage von Seite 57 rechts auf die gewünschte Größe. Mit Hilfe dieser Kopie wird erst einmal eine Schablone aus festem Karton gefertigt und anschließend die für den Stern benötigten sechs Teile aus dem vorgesehenen Sternmaterial ge-

schnitten (bzw. entsprechend mehr, wenn man gleich mehrere dieser attraktiven Sterne basteln will).

Diese Sechszackenform – ebenso wie der Stern aus fünf Zacken – ist auch dann relativ fest, wenn man als Bastelmaterial dünnes Papier verwendet. Selbst normales Schreibpapier ergibt ein stabiles Gebilde, vor allem, wenn die Mittelfalten der Zacken sehr scharf gefaltet werden. Gerade diese Falten tragen erheblich zur Festigkeit des ganzen Sterns bei.

Beide Sterne können nach dem Zusammenkleben farbig behandelt werden, z.B. mit Gouache- bzw. Plakatfarbe in Englischrot, auf die nach dem Trocknen mit der Fingerspitze Gouachefarbe in Gold aufgetragen wird. Dort, wo das Gold nicht deckt, schimmert der rote Untergrund durch.

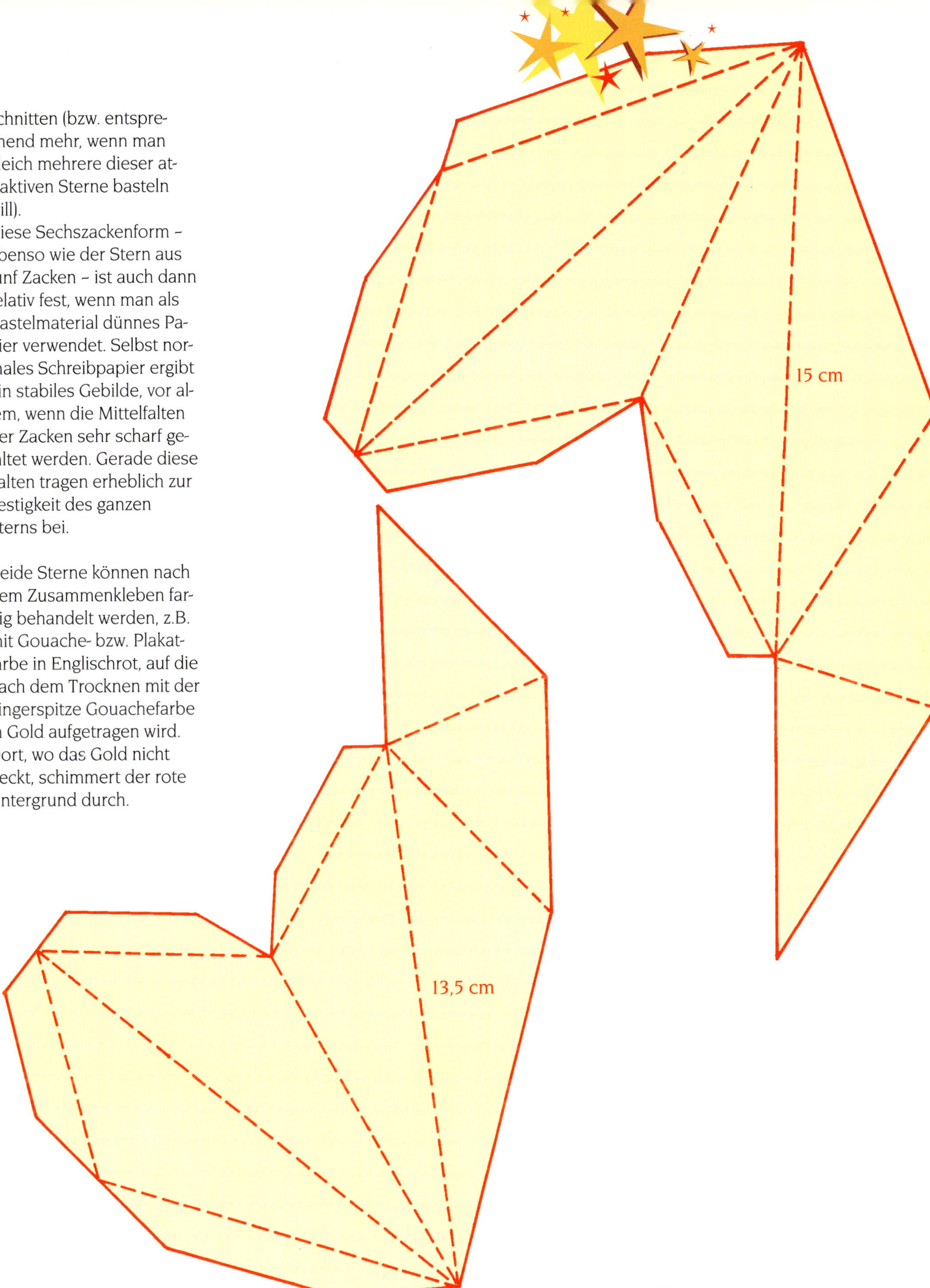

Leuchtender Fensterstern

Ein Stern ganz besonderer Art ist das hier vorgestellte Modell. In seinem Innern ist eine kleine Glühlampe installiert, die ein sanftes Licht verbreitet. Bei der Montage dieses Sterns ist also einige Umsicht erforderlich.

So wird der Stern gefertigt

① Auf 1 mm dicken, steifen Karton drei konzentrische Kreise mit den Radien 17, 20 und 23 cm zweifach zeichnen.
② Auf den äußeren Kreisen sechsmal deren Radius abtragen.
③ Jeden Schnittpunkt auf den Kreisen durch die Mittelpunkte mit den gegenüberliegenden Schnittpunkten durch gerade Linien verbinden, so daß sich auch für die kleineren Kreise die Schnittpunkte ergeben.
④ Jeden Schnittpunkt auf den Kreisen mit dem übernächsten durch eine gerade Linie verbinden, so daß in den Kreisen die zwei Sternfiguren wie in der Zeichnung 1 entstehen.
⑤ Mit einem Bastelmesser die Sterne zweifach ausschneiden.
⑥ Jeweils einen großen und einen kleinen Stern so aufeinanderkleben, daß die Zacken der kleineren genau in der Mitte zwischen den großen Zacken angeordnet sind.
⑦ Die jeweils innersten Stege der beiden Sterne gleichmäßig mit Klebstoff bestreichen und die Sterne dann auf ein auf dem Tisch ausgelegtes gelbes Transparentpapier legen. Die Klebeflächen fest aufeinander drücken.
⑧ Entlang der Außenkanten der Kartonstege das gelbe Transparentpapier ausschneiden.
⑨ Nun noch einmal die innersten Stege wie in Arbeitsschritt 7 sowie die

Material

- Farbiger Foto- oder Passepartout-Karton, 1 mm dick
- gelber oder orangefarbener Tonkarton
- weißes und gelbes Transparentpapier
- Alleskleber
- Kabel mit E-14-Fassung, Glühlampe und Stecker
- steifer Draht, 1 mm dick

Werkzeug

- Zirkel
- Lineal
- Bleistift
- Bastelmesser
- Kneifzange
- schnittfeste Unterlage

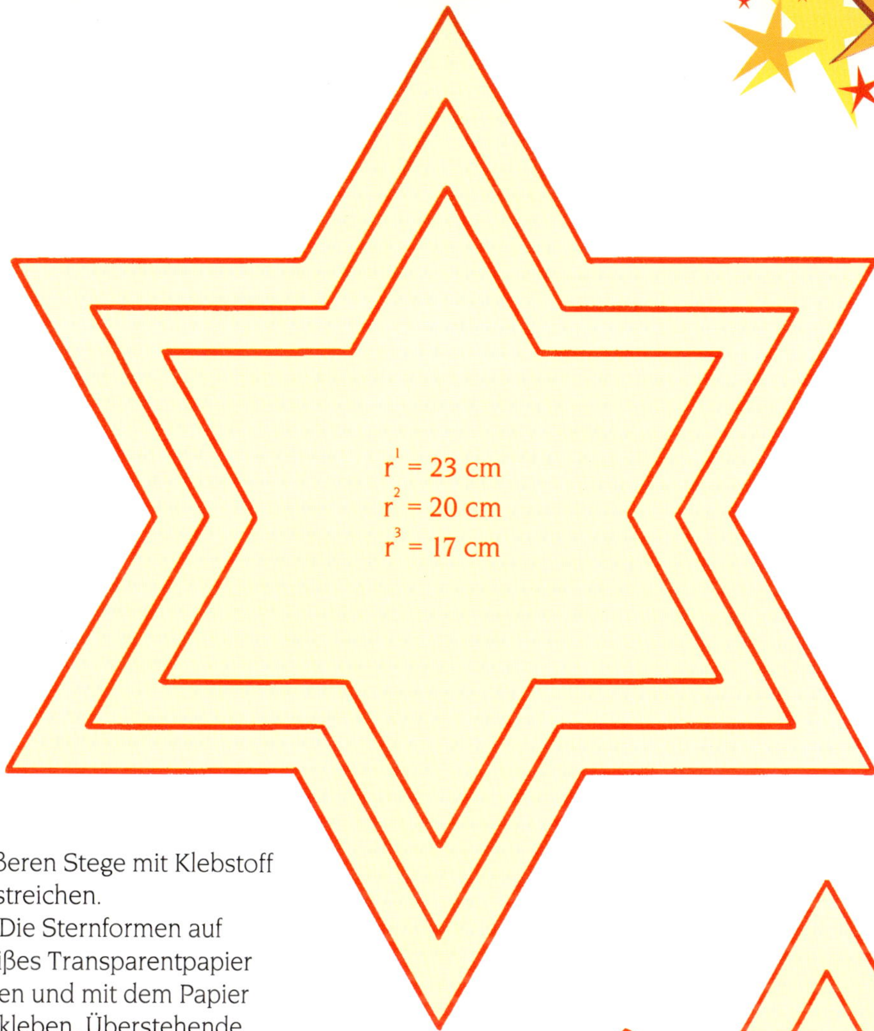

äußeren Stege mit Klebstoff bestreichen.

⑩ Die Sternformen auf weißes Transparentpapier legen und mit dem Papier verkleben. Überstehende Teile abschneiden.

⑪ Aus dem farbigen Tonpapier 10 cm breite Streifen schneiden.

⑫ Die Streifen so ablängen und quer im Zickzack falten, daß insgesamt sechs Stück in Länge und Form den in Zeichnung 2 gepunktet gezeichneten Linien entsprechen.

⑬ Mit zusätzlich angeklebten Kartonlaschen die sechs Streifen zunächst an einen Stern kleben (auf der Seite, auf der das Transparentpapier klebt), dann die zweite Sternform anfügen. Das Gehäuse des Sterns ist also nicht geschlossen, sondern offen, so daß einerseits das Licht auch auf die äußeren großen Sternstrahlen fällt, andererseits das Innere belüftet und ein Hitzestau durch die Glühlampe ausgeschlossen wird.

⑭ In einer der insgesamt sechs Öffnungen zwei diagonal angeordnete Drahtstangen anbringen, d.h. auf der Innenseite der Kartonstege festkleben.

⑮ Auf diesen Stegen das Kabel befestigen, das im Innern des Sterns eine E-14-Fassung trägt und am anderen Ende mit einem Stecker versehen ist.

Im Stern sollte eine Glühlampe mit höchstens 25 Watt installiert sein. Sie sollte nie unbeaufsichtigt brennen.

Strohsterne

Sterne aus gebügelten Halmen

Strohsterne zu basteln ist kinderleicht und zudem überaus befriedigend. Befriedigend deshalb, weil - nach dem unumgänglichen Einweichen und Glattbügeln der Halme - eine "Serienproduktion" beginnen kann, bei der sich das Erfinden neuer Sternformen fast von selbst ergibt. Auch wenn sich die Variationen darauf beschränken, den Sternen sechs, acht, zwölf oder sechzehn Zacken mit schlanken oder stumpfen, einfachen oder doppelten Spitzen zu geben bzw. kleinere Sterne auf größere zu kleben - dem Sternbastler werden immer neue und immer schönere Sterne gelingen. Der Reiz des geschmückten Weihnachtsbaumes besteht dann darin, daß kaum ein Stern dem anderen gleicht.

So werden die Sterne gefertigt

① Die Halme in einem flachen, ausreichend großen Gefäß mit heißem Wasser übergießen, beschweren (damit sie unter Wasser bleiben) und wenigstens einen Tag stehen lassen.
② Nach ausreichender Einweichzeit das Wasser abgießen (und auch aus den Halmen schleudern). Die Halme aufschlitzen und bei mittlerer Temperatur glattbügeln (auf Innen- und Außenseite).
③ Eine Montagehilfe vorbereiten, d.h. auf ein Blatt Papier mit Hilfe des Winkelmessers für achtstrahlige Sterne ein Achsenkreuz, für sechsstrahlige Sterne eine sechsstrahlige Zeichnung anlegen. Auf den Linien vom Kreuzungspunkt aus die vorgesehene Länge der Strahlen anzeichnen.
④ Die glattgebügelten Halmstreifen in die gewünschte Länge teilen, z.B. in 7 cm lange Stücke für normale Baumsterne oder in 10 bis 11 cm lange Stücke für etwas größere Sternformen.
⑤ Für achtstrahlige Sterne zunächst jeweils zwei (gleich breite) Streifen im rechten Winkel zusammenkleben und diese Kreuze mit Stecknadeln bis zum Aushärten des Klebstoffs auf Pappstücken "parken".
⑥ Sechsstrahlige Sterne aus drei Streifen zusammenkleben und die Klebeflächen ebenfalls mit Stecknadeln bis zum Aushärten des Klebstoffs sichern.
⑦ Jeweils zwei Kreuze zu achtstrahligen Sternen aufeinander kleben (dafür das Achsenkreuz auf dem Papier durch ein zweites, um 45° gekipptes Kreuz ergänzen; so kann das symmetrische Zusammenfügen der Teilformen geprüft werden).
⑧ Die Sterne möglichst lange ruhen lassen, bis der Klebstoff richtig fest ist. Erst dann die Spitzen zuschneiden.
⑨ Zum Schluß hinter jeweils eine Spitze dünnes Nähgarn als Aufhänger kleben.

Es wurde schon darauf hingewiesen, daß man sich für die Form der Sterne beliebig viele Varianten einfallen lassen kann. Sogar schmale Halmreste können zu kleinen Sternen verarbeitet und auf größere Sterne appliziert werden. Dabei ist es reizvoll, auf die helle, matte Innenseite der Halmstreifen einen kleineren Stern mit der glänzenden Außenseite nach oben zu kleben und umgekehrt. Man kann auch ausprobieren, wie stark sich die Farbe der Halme durch längeres Bügeln mit einem auf "Leinen" eingestellten Bügeleisen verändert - und was dann aus der Kombination heller und dunklerer Halme wird.
Die Halme können nach dem Bügeln gefärbt werden, und zwar mit Holzbeize. Dafür sollte man jedoch keinen Holzton wählen, sondern ein strahlendes Gelb oder intensives Orange. Gebeizte Halme müssen allerdings erst vollständig trocken sein, ehe sie zu einem Stern verarbeitet, also geklebt werden können.

Sterne aus vollen Halmen

Strohhalme müssen nicht gebügelt werden, um damit Sterne basteln zu können. Man kann auch die vollen Halme verarbeiten, was oft

Material

- ★ Strohhalme
- ★ Alleskleber
- ★ weißes oder farbiges Nähgarn

Werkzeug

- ★ Einweichgefäß
- ★ Bügeleisen
- ★ Lineal
- ★ Bleistift
- ★ Winkelmesser
- ★ Schere oder
- ★ Bastelmesser
- ★ Stecknadeln
- ★ mehrere Stücke Wellpappe
- ★ ein Bogen Papier als Montagehilfe

sehr fantasievolle und attraktive Gebilde ergibt. Nicht jeder Sternbastler kann sich freilich mit dem Zusammenbinden der Halme anfreunden. Das Verkleben flachgebügelter Halmstreifen geht meist doch einfacher von der Hand. Die Anfertigung dieser Sterne bedarf keiner ausführlichen Anleitung, denn es geht dabei ja nur darum, die sechs oder mehr Halme zwischen den Fingern einer Hand zu einem Stern zusammenzuhalten, mit der anderen Hand einen dünnen Faden um die Halme zu flechten und schließlich zu verknoten. Dann sind die Enden der Halme auf gleiche Länge zu bringen und dabei entweder gerade oder schräg abzuschneiden. Eine von vielen, vielleicht die attraktivste Variante ist auf dem Foto zu sehen.

So wird der Stern gefertigt

① Eine Arbeitsunterlage aus Wellpappe vorbereiten (am besten zwei oder drei 30 x 30 cm große Pappstücke an den Rändern durch Klebestreifen verbinden).
② Auf die Unterseite dieser Unterlage das Linienschema (von Seite 63) aufzeichnen, mit dessen Hilfe die Abwinklungen der Halme nachher exakt gelingen.
③ Zwei konzentrische Kreise mit 4,5 und 9 cm Radius, und von deren gemeinsamem Mittelpunkt aus 8 Strahlen zeichnen.
④ Auf dem äußeren Kreis die Mitte zwischen den Strahlen markieren.
⑤ Stecknadeln und Nähgarn oder dünnen Zwirn bereitlegen.
⑥ Über dem Zentrum des aufgezeichneten Schemas acht Strohhalme paarweise mit Stecknadeln auf der Unterlage als Doppelkreuz feststecken und im Zentrum mit einem längeren Faden zwei- oder dreimal umflechten. Den Faden verknoten und abschneiden.
⑦ An den Schnittstellen der Halme mit dem ersten Kreis, werden die Halme durch Fäden fest miteinander verbunden. Dicht neben den Halmen Steckna-